高等院校纺织服装类“十三五”部委级规划教材

Photoshop 辅助服装设计

（第四版）

王宏付 著

東華大學出版社
·上 海·

内容简介

本书以Photoshop为基础，以服装设计为主线，根据作者多年的作品设计与软件课程教学经验，通过大量实例，系统地介绍了Photoshop软件辅助服装设计的使用方法、技巧和表现技法。内容包括服装CIS设计、服饰图案设计、服装面料设计、服装款式设计、服装结构设计、服饰配件设计、头像表现技法、服装效果图表现技法等方面。

本书操作性强，可作为服装设计从业人员及服装设计专业院校师生的参考书，或培训学校学习Photoshop的培训教材，也可作为广大计算机平面设计爱好者的参考书。

图书在版编目(CIP)数据

Photoshop辅助服装设计/王宏付著. –4版.
—上海：东华大学出版社，2017.9
ISBN 978-7-5669-1291-6
Ⅰ. ①P… Ⅱ. ①王… Ⅲ. ①服装设计–计算机辅助设计 Ⅳ. ①TS941.26

中国版本图书馆CIP数据核字(2017)第236756号

责任编辑 吴川灵
装帧设计 雅 风

Photoshop辅助服装设计（第四版）
王宏付 著
东华大学出版社出版
（上海市延安西路1882号 邮政编码：200051）
新华书店上海发行所发行 上海颛辉印刷厂有限公司印刷
开本：889mm×1194mm 1/16 印张：13 字数：466千字
2017年9月第4版 2024年6月第5次印刷
印数：9 001–11 000
ISBN 978-7-5669-1291-6
定价：48.00元

目　录

第1章 绪 论

1.1 计算机辅助服装设计的特点

服装CAD(Computer Aided Design)技术，即计算机辅助服装设计技术，是利用计算机的软、硬件技术对服装新产品、服装工艺过程，按照服装设计的基本要求，进行输入、设计及输出等的一项专门技术，是一项综合性的，集计算机图形学、数据库、网络通讯等计算机及其他领域知识于一体的高新技术，用以实现服装产品技术开发和工艺设计。服装CAD技术被人们称为服装艺术和计算机科学交叉的边缘学科，是以尖端科学为基础的不同于以往任何一门艺术的全新的艺术流派。

随着科技的发展及生活水平的提高，消费者对纺织产品服装品味的追求发生着显着的变化，促使服装生产向着多品种、小批量、短周期、高质量的方向发展。服装CAD/CAM系统是计算机技术与服装工业结合的产物，它是应用于设计、生产、管理、市场等各个领域的现代化的高科技工具。计算机辅助设计在当今的服装设计生产中扮演着越来越重要的角色，利用计算机进行服装的设计表现、纸样制作、放码、排料和生产管理等，极大地节省了成本、提高了效率。

目前，计算机在服装上的应用包括：计算机辅助服装设计（服装CAD）、计算机辅助服装制造（服装CAM），服装企业管理信息系统（MIS），服装裁床技术系统（CAM），还有服装销售系统、服装试衣系统、无接触服装量体系统等。

计算机辅助服装设计CAD系统主要包括：款式设计系统(Fashion Design System)，结构设计系统 (Pattern Design System)，推版设计系统 (Grading System)，排料设计系统 (Marking System)，试衣设计系统 (Fitting Design System)，服装管理系统(Management System)，以及服装CAD数据库等。

1.2 计算机辅助服装设计使用软件介绍

1.2.1 计算机辅助服装设计使用软件的分类

计算机辅助服装设计使用软件分为两大类: 通用设计软件及专业设计软件

1.2.2 计算机辅助服装设计使用软件介绍

1.通用设计软件:平面位图设计软件，如Photoshop、Painter；平面矢量图设计软件，如CorelDRAW 、Illustrator、Autocad等；三维图像制作软件，如Poser、3dsmax等。

(1)Photoshop

是美国Adobe公司出品的一个性能卓越的位图处理与编辑软件。优点在于：

■能方便地进行图形、色彩的选定、编辑、复制、剪切和拼贴等工作。从而使服装设计师能对所获得的图像资料(如时装表演、时装图片、影像资料等)，进行理想化的修改与调整，如将某些图片中的服装款式、面料、色彩、配饰等进行更换或调整，可以达到“以假乱真”的逼真效果。

■Photoshop的另一个强大功能在于滤镜功能。任何形式的图形与图像一经滤镜处理，便可生成其他意想不到的新的视觉效果。同时，Photoshop其他的功能模块如：路径、通道、蒙板、图层等工具，也能进一步地对图形图像进行加工处理，从而使服装设计师的效果图千变万化、逼真，显现出某种个性化的趋向。

■Photoshop同时也是一个重要的输入平台，它可以接驳如扫描仪、Photo CDs以及数码相机等外置设备。服装设计师的许多重要的作品与资料可以通过这个平台进行输入与整理，并利用Photoshop的工具进行加工处理。

(2)CorelDRAW

CorelDRAW是一个功能齐全的矢量图形处理软件。它有着其他平面设计软件无法替代的功能，其特点主要集中在其图形绘制、图形处理与图形修整功能上。即它可对服装设计师的任何矢量图形的设计作品，进行进一步的处理、修改与加工，也可以生成矢量图形的时装效果图。同时利用这个软件也可以进行服饰图案的设计。另外，CorelDRAW软件的最大优点在于其极为便利的操作性。其界面风格以及菜单设置，非常适合服装设计人员的操作，且易学、易会、易用，可以说它是一个非常实用又容易上手的软件。

(3) Illustrator

Adobe 公司推出的Illustrator CS 功能十分强大，是一套被设计用来制作输出及网页制作双方面用途、功能强大且完善的绘图软件包，这个专业的绘图程序整合了功能强大的向量绘图工具、完整的PostScript输出，并和Photoshop或其他Adobe家族的软件紧密地结合，不但提高了打开、储存、打印文件，复制、粘贴以及显示图形等操作的速度，并且新增了很多好用的工具，其中的3D 功能非常突出。Illustrator CS 是一套前所未有的全新矢量图形设计工具，提供给大家最能展现创造力所需的增强效能。利用这个软件给服饰图案的设计、服装效果图的勾线等带来了许多方便。

(4)Painter

又称“自然笔”，是电脑图形软件中非常优秀的软件之一。其非凡的作图功能、庞大的绘图工具箱、眼花瞭乱的变形、着色效果和滤镜效果使其作品极富艺术创造力和感染力。因而该软件深得艺术家们的青睐。而对于服装设计师来说，该软件可能使你的设计作品具有乱真的手绘艺术效果。首先该软件配备了众多的纸张效果的选择，设计师可根据自己的喜好选择任何一种自己感兴趣的绘图纸；其次，它的绘图工具中，画笔的选择也是种类繁多(如钢笔、铅笔、粉笔、蜡笔、炭笔等，也可以自定义任何画笔)；再次，其强大的笔刷、蒙板、图层及滤镜功能可以生成任何一种绘画工具的视觉效果与肌理，从而使其完全具备了产生我们可以想象得到的(以及难以想象)绘画表现效果。

然而，作为一种绘图软件，Painter并不是完美无缺的，其最大的不足 (也是上述两种绘图软件的不足)在于：图形的生成与输入不能做到随心所欲，它要通过鼠标的移动以及屏幕的捕捉来生成图形，这就将设计师的艺术表现过程大大地复杂化了，同时繁琐的移动与修改也使得设计师的创作冲动被淡化。

2.专业设计软件，分二维服装CAD软件和三维服装CAD软件两大类。

(1) 目前在国内外市场上的二维服装CAD的应用主要有二维服装CAD分为款式设计和结构设计(俗称做纸样或打板)两种，其特点分别如下：

■ 款式设计：用电脑来做款式设计屏弃了传统设计的手工绘画方式，通过输入方式，电脑内部可以储存大量的模特及部件库，通过CAD软件，不但可以使用各种画笔工具来描绘效果图，还可以把面料通过扫描替换到衣服上，而且使用复制、粘贴等工具可以很方便地对图样做出修改，甚至最新的软件可以使用曲面工具来建立类似照片的真实效果（又称为三维设计），这样在没有生产前，我们就可以看到这件衣服的大概效果了，不但提高了效率，还可以节省产品开发的成本。

■结构设计：又称为做纸样或打板，包括出头样、放码和排料。电脑出样省去了手工绘制的繁复计算和测量，不但速度快，准确度也高。电脑放码分为点放码、线放码和自动放码等。一套复杂的纸样手工放码需要将近一天的时间，而电脑放码只需要十几分钟。电脑排料自由度大，准确度高，可以非常方便的对纸样进行移动、调换、旋转、反转等，排好后用绘图仪打印出来就可以用于裁剪了。

(2)三维服装CAD的应用主要有两类：

一是用于量身定做：针对特定客户人体的参数测量及其对服装款式的特定要求（如放松量、长度、宽度等方面的喜好信息），进行服装设计，再生成相应的平面服装样片。此类产品可利用互联网进行远程控制实现，其中以美、英、法、德、日、瑞士的系统较为先进。

二是用于模拟试衣系统：通过对顾客体型的三维测量，进行互动服装设计，再生成相应的平面服装样片。这类应用也可利用互联网进行电子商务的远程控制实现，如美国的Land′send公司在互联网上可建立顾客的人体虚拟模型，通过顾客的简单操作，可试穿该公司所推出的服装，还可进行立体互动设计，直到顾客满意为止。

现在国外的一些产品已基本能实现三维服装穿着、搭配设计并修改，反映服装穿着运动舒适性的动画效果，模拟不同布料的三维悬垂效果，实现360°旋转等功能。其中美国、日本、瑞士等国家研究开发的三维服装CAD软件比较先进，如美国CDI公司推出的CONCEPT 3D 服装设计系统、法国力克公司的3D系统、美国格伯公司的AM-EE-SW 3D系统、加拿大PAD公司的3D系统、日本东洋纺织公司的3D系统等。服装三维CAD有别于二维CAD的地方在于：它是在通过三维人体测量建立起的人体数据模型基础上，对模型的交互式三维立体设计，然后再生成二维的服装样片，它主要解决人体三维尺寸模型的建立及局部修改，三维服装原型设计、三维服装覆盖及浓淡处理、三维服装效果显示特别是动态显示和三维服装与二维衣片的可逆转换等。

三维服装CAD的基础是三维人体测量。目前三维人体测量系统在国外已经商品化，其技术已经较为成熟，其中法、美、日等国利用自然光光栅原理，分别用40毫秒、10秒、1.8秒，即可完成三维人体数据的测量。国际上常用的三维人体测量技术一般都是非接触式的，通过光敏设备捕捉投射到人体表面的光在人体上形成的图像，然后通过电脑图像处理来描述人体的三维特征。三维人体测量系统具有测量时间短，获取数据量大等多种优于传统测量技术的特点。

1.3 发展与展望

1.3.1 服装CAD/CAM发展简史

20世纪70年代，亚洲纺织服装产品冲击西方市场，西方国家的纺织服装工业为了摆脱危机，在计算机技术的高度发展下，促进了服装CAD的研制和开发。作为现代化高科技设计工具的CAD技术，便是计算机技术与传统的服装行业相结合的产物。CAD/CAM系统在服装行业的应用最初主要是用于排料，显示衣片的排列和裁剪规律，此项应用能最大限度地提高面料的利用率。美国的格柏(Gerber)公司和法国的力克(Lectra)公司开发了最早的计算机排料系统。由于当时计算机还没有出现,这些系统是基于单片机设计的,因此庞大而且昂贵。但由于服装工业急需扩大生产规模,根据其所降低的面料成本以及能够重复使用和修改现有的排料方案因素,很多公司能够正确评价购置排料系统的价值。随着CAD/CAM系统应用的不断扩大,放码作为CAD/CAM系统的第二功能开始出现,即:放码--根据基础版推出全部号型的版来。这一功能可以节省大量时间,如果应用手工进行放码,完成一套包含7片版型和6个号型(8,10,12,14,16,18)的衬衣衫,一般需要12小时,而计算机只需2小时(目前的速度可以达到半小时以内)便可完成。在IBM个人计算机问世之前的15年间,英国大约有200家用户使用放码排料系统。当时的服装CAD对缓解工业化大批量服装制作过程中的瓶颈环节——服装工艺设计,即推档和排料的计算机操作问题,起了重要的作用,不仅生产效率得以显著提高,生产条件和环境也得到很大的改善。

服装行业的设计师们对计算机在图形处理方面的强大功能认识得比较晚。直到20世纪80年代末,CDI公司的设计系统才首次作为服装设计系统投放市场。其主要应用是扫描已有的资料,如:图片、照片或面料,对图像进行修改后产生新的设计。该系统很少用于真正的创造性设计,因为它的很多功能使用起来有点笨拙而且效率不高。

最近,市场上出现了很多用于图形设计的套装软件。其中由于个人计算机价格相对较低,所以,有能力购置CAD/CAM系统公司越来越多,小至个人设计室,大至拥有许多设计生产基地的大公司都在应用CAD/CAM系统。近些年来,一些以往只能在大型机上运行的软件,如:设备控制软件、排料软件和放码软件,都已针对个人计算机进行了重新编写,同时增加了服装版型设计和面料设计等新的功能。

1.3.2 展望

十几年来,服装CAD的应用给服装企业带来了巨大的效益,这是一个不容怀疑的事实。然而,随着近年来服装业的飞速发展,服装生产向多品种、小批量、高质量、周期短的转化,现有的服装CAD系统逐渐难以适应服装企业对快速反应的需求,智能化CAD代替现有的服装CAD系统将成为CAD发展的必然。

1. 随着服装业的发展,现有的CAD技术已不能满足需求。

服装CAD自从诞生以来,就倍受服装业的瞩目。十几年来,它给服装企业带来的巨大效益是有目共睹的。它通过人机交互的手段来进行设计,充分发挥人和计算机两方面的特长,借助计算机具有运算速度快,信息储存量大,记忆能力强,计算可靠性高,能快速反应与显示图形图象等特点,使设计质量和效益大为提高。据统计,通过运用CAD系统,服装企业的设计成本可降低10%~30%,设计周期可缩短30%~60%,产品质量可提高2~5倍,设备利用率可提高2~5倍。这在以前几乎是不可想象的,但服装CAD却能使之得以实现。

然而,服装CAD给服装企业带来的这些效益并没有使他们满足。近年来全球的纺织和制衣业正以惊人的速度发生着深刻的变化,我国的服装也随着服装市场向多样化、高级化、个性化发展,服装生产也就向多品种、小批量、高质量、周期短推进。再者,服装业工作艰苦,效益低,人才比较难留,纷纷要求缩短工作时间,提高质量。这就要求服装企业能建立快速反应机制,服装生产能更加自动化、系统化。这样一来就对我们的服装CAD系统提出了更高的要求。

2. 智能化的服装CAD系统是服装CAD发展的必然。

服装CAD的智能化能够满足服装生产这种更高的要求。随着人工智能技术的飞速发展,知识工程、专家系统逐渐引进到服装工业形成智能化的服装CAD系统已经成为可能。

所谓智能化就是把计算机科学领域中富有智能化的学科和技术，例如知识工程、机器学习、联想启发和推理机制、专家系统等技术应用到服装CAD系统中。随着计算机硬件性能的迅速提高和二维服装CAD技术的逐步完善，在辅助设计的基础上，融合机器学习、智能推理和知识工程等智能化机理和技术，使服装CAD系统提高智能化的水平，起到启发设计灵感，激发创造力和想象力的作用，具有学习能力，应用专家的经验和知识的机制，已成为众所瞩目的发展方向。

(1) 美国Gerber公司：20世纪80年代初期美国Gerber公司的AM-5服装CAD系统，以HP小型机为主机，以"定点"读图的方式输入放码规则后，将打板的几何开关及相关信息转换成计算机所能接受的数据，存入计算机数据库中进行管理，并在计算机屏幕上进行排料后，再经过计算机自动裁剪系统进行精确裁片。Gerber公司的另一套服装CAD系统是以IBM PC为主机的Accumark，它代表了新一代服装CAD系统的发展方向。该系统采用微机工作站结构，通过高速以太网相互通信，以具有几百MB到几千MB容量的服务器作为信息存储和管理中心，通过网络将自动裁床、单元生产系统、管理信息系统以及其他的CAD/CAM系统连接起来，形成计算机集成的生产系统CIMS。

(2) 美国PGM公司：唯一针对中国市场作针对性软件开发和升级的国外公司，其系统突出突出特点表现在应用人工智能和人性化等尖端技术方面。在软件方面的功能性强大，操作却非常简单化。并全球首先推出全智能自动排版系统（自动排版的用布率可以和人工媲美）PGM系统从顾客选定款式、面料，对顾客进行体型测量，经过自动样片设计、放码、排料、自动单件裁片机、单元生产系统，到高速度、高质量地完成服装的制作，是一个高度自动化的面向顾客的服装制作系统，并开发了成本管理、缝制、仓库存储管理综合系统，即服装CIM。在三维领域，PGM已经研制成真正的从二维衣片到三维人体穿着修改软件，具有三维服装穿着、搭配设计并修改，能反映服装穿着运动舒适性的动画效果，模拟不同布料的三维悬垂效果，实时地生成服装穿着效果图，实现360°旋转，从各个不同侧面观察模特着装。

(3) 法国力克公司：法国力克公司的301+/303+系统，将服装的概念创作与打板设计、制板及排料连成一体。它最新推出的系统OPEN CAD系统，该系统具有模块式和开放式的特点，它包含5种基本系统，即M100，M200，X400，X400G+以及X600S系统，用户可根据速度、容量、显示、存储器等要求进行选择。模块式包含了力克开发的功能模块以及CAD/CAM联机运行系统。最近，法国力克公司又推出了OPEN CAD开放式模块软件，不仅在公司内自成系统，而且它的系统可以与非力克系统兼容。

(4) 其他CAD/CAM系统公司：

基于计算机视觉的原理，研制出无接触式人体测量系统的美国Technotailors和Second Skin Swimmear公司服装设计系统。

应用了大容量的光盘存储器，系统中采用了更加形象和易懂的图形菜单界面技术的日本Shima Selkl公司服装设计系统。

采用电子计算机基本信息的分散处理形式，是不同地点实现系统化及信息网络化的日本重机工业公司服装设计系统。

服装CAD款式设计系统的发展方向应该是三维设计系统，如瑞士日内瓦大学和瑞士联邦技术学院推出的一套三维款式设计系统和反映服装穿着效果的动画系统，能模拟服装模特实际行走状态，在服装商品展示和促销方面能发挥积极的作用。

目前CAD技术的优势主要体现在需要大量重复运算的放码和排板上，但与自动放码和人机交互式排板系统的技术优势相比，衣片设计系统操作起来复杂困难，自动化程度低。使用该系统打板与人工打板一样，仍需设计师一步一步地打出，只不过是用计算机的显示器和键盘鼠标代替了传统打板的纸和笔。此外，在计算机中往往还必须对一些线和参考点做非常严格的定义或定位，有时在人工打板中一步可以做完的工作，在计算机中还必须分几个步骤才能做完。同时，采用CAD技术的打板速度取决于操作人员本身的打板熟练程度，工作效率提高有限。

要改变衣片设计系统使用不便的现状，必须将系统的自动化和智能化作为主要突破口和发展方向，部分系统在这方面已做了一些初步探索，如日升天辰的自动试衣系统能将生成的衣板自动进行缝制模拟，在计算机建立的三维仿真人体模台上试衣，并标示其“不合体”的部位及其偏差值。这些初步尝试虽还不能使衣片设计系统真正实现自动化，但已迈出了难能可贵的第一步。国外的一些系统已经在向智能化方向迈进，在这些系统中专家的剪裁和打样经验知识被数字化后存入数据库，按照生产厂家的需要建立约定的规则。如法国力克系统的Moclaris Finet系统能在几秒钟内按照顾客的尺寸自动完成样板修改，这是在最接近尺寸的样板上自动修改生成的，从而使经验不足的操作者也能在专家系统的帮助下制作出优良的板型，这也应作为国内衣片设计系统未来发展的方向。

第2章 Photoshop简介

Adobe Photoshop是美国Adobe公司开发的图像设计及处理软件，诞生于20世纪80年代末期，Photoshop最初的程序是由密歇根大学的研究生Thomes创建，后经Knoll兄弟以及Adobe公司程序员的共同努力，Adobe Photoshop产生巨大的转变，一举成为苹果机和PC机上最优秀的图形图像编辑软件。它的诞生引发了一场图像出版业的革命。它是一个集图像扫描、编辑修改、图像制作、广告创意、图像合成、图像输入/输出、网页制作于一体的专业图形处理软件。Adobe Photoshop为美术设计人员提供了无限的创意空间，可以从一个空白的画面或从一幅现成的图像开始，通过各种绘图工具的配合使用及图像调整方式的组合，在图像中任意调整颜色、明度、彩度、对比、甚至轮廓及图像；通过几十种特殊滤镜的处理，为作品增添变幻无穷的魅力，是从事平面设计人员的首选工具。

Adobe Photoshop由最初的2.0版到2.5、3.0、3.04、3.05、4.0、5.0、5.5、6.0、7.0直至今天的CS版。随着版本的不断提高，其功能也越来越强大。它的每一个版本都增添新的功能这使它获得越来越多的支持者也使它在这诸多的图形图象处理软件中立于不败之地。Adobe Photoshop在电脑美术的二维平面领域里，是最具代表性的软件，，掌握了它再学习其他绘图软件将事半功倍。

2.1 基本概念

2.1.1 分辨率

分辨率(Resolution)是一个表示平面图像精细程度的技术参数。通常情况下，它是以横向和纵向点的数量来衡量图像的细节表现力，并以水平点数×垂直点数的形式来表示。在一个固定的平面内，分辨率越高，意味着可使用的点数越多，图像越细致。分辨率的种类有很多，其含义也各不相同。

1.扫描分辨率

分辨率是扫描仪最重要的一个指标，通常也用dpi来表示。扫描仪的分辨率分为三种：光学分辨率、机械分辨率和插值分辨率。

■光学分辨率：是衡量扫描仪感光元器件精密程度的参数。其定义是：在横方向上，每英寸距离内，感光元器件所能获取的最多真实像素数。

■机械分辨率：是衡量扫描仪传动机构工作精密程度的参数。其定义是：在纵方向上，扫描仪感光元器件每移动1英寸，步进电机所走过的最多步数。例如：扫描仪参数：600×1200dpi ，600dpi既是光学分辨率，1200dpi既是机械分辨率。

■插值分辨率：是指在真实的扫描点基础上插入一些点后形成的分辨率。因为插值分辨率毕竟是生成的点而不是真实扫描的点，所以，虽然提高分辨率增加了图像的细致率，但细节上跟原来的图形会有一定程度的差异，并不代表扫描的真实精度。而光学分辨率虽然数值较小，但它代表扫描的真实精度。

2.打印分辨率

打印分辨率是用dpi (dot per inch)来表示，即指每英寸打印多少个点，它直接关系到打印机输出图像或文字的质量好坏。打印分辨率也是以水平分辨率和垂直分辨率来表示，通常情况下这两者是相同的。例如，打印分辨率为1440dpi，是指打印机在一平方英寸的区域内垂直打印1440个墨点，水平打印1440个墨点，且每个墨点是不重合的。因此，分辨率越高，墨点的体积越小，但是，由于打印机油墨颜色只有固定的几种，要组成每一种千变万化的颜色都需要有一定数目的不同颜色墨点来表现，所用墨点的数目越多，色彩表现力越强，图像越细腻。所以，我们可以根据打印图像所想得到的画质来推算扫描仪工作时应使用的分辨率。根据经验公式，我们用200dpi进行扫描，既可满足用1440dpi进行输出的要求。

3.数码相机分辨率

数码相机的分辨率通常指的是感光设备（一般是CCD，电荷耦合器件）有效地获取图像的像素值，只要拥有足够的像素值，在完成照相之后，便可以借助图像分辨率的调整，得出成像质量较好的作品。因此，数码相机的分辨率通常用像素的多少来表示。数码相机分辨率的高低决定了所拍摄影像最终所能打印出画面的大小，或在计算机显示器上所能显示画面的大小。数码相机分辨率的高低，取决于相机中CCD芯片上像素的多少，像素越多，分辨率就越高。数码相机分辨率与显示器分辨率大致的对比关系如下：

35万像素数	640×480
80万像素数	1024×768
130万像素数	1280×960
300万像素数	2560×1280

数码相机的分辨率是由生产工艺决定的，在出厂时就固定好了，用户只能选择不同分辨率的数码相机，但不能调整一台数码相机的最大分辨率。现在市场上有的数码相机可以有几档分辨率可供选择，但都是通过软件实现的，其硬件——感光芯片的分辨率是不变的。

4.显示器分辨率

显示器分辨率是显示器在显示图像时的分辨率，它是用点，也就是我们常说的像素(pixel)来衡量的。显示分辨率的数值是指整个显示器所有可视面积上水平像素和垂直像素的数量。例如800×600的分辨率，是指在整个屏幕上水平显示800个像素，垂直显示600个像素。其他的依此类推。显示分辨率的水平像素和垂直像素的总数总是成一定比例的，一般为4:3、5:4或8:5。每个显示器都有自己的最高分辨率，并且可以兼容较低的分辨率，所以一台显示器可以有多种不同的显示分辨率。显示分辨率虽然是越高越好，但还要考虑人眼能否识别。在相同大小的屏幕上，分辨率越高，显示的文字就越小。由于显示器的尺寸有大有小，而显示分辨率又表示所有可视范围内像素的数量，所以即使分辨率相同，不同的显示器显示的效果也是不同的。一般地说，15英寸彩显建议使用800×600分辨率，17英寸彩显使用1024×768的分辨率。我们扫描一张照片，要在显示屏上显示与原图同样大小的图片，可参照以下对应数据进行扫描：800×600 对应72dpi、1024×768对应96dpi。

2.1.2 位图与矢量图

矢量图：矢量图也叫面向对象绘图，是用数学方式描述的曲线及曲线围成的色块制作的图形，它们是在计算机内部中表示成一系列的数值而不是像素点，这些值决定了图形如何在屏幕上。用户所作的每一个图形、每一个字母都是一个对象，每个对象都决定其外形的路径，一个对象与别的对象相互隔离，因此，可以自由地改变对象的位置、形状、大小和颜色。同时，由于这种保存图形信息的办法与分辨率无关，因此无论放大或缩小多少，都有一样平滑的边缘，一样的视觉细节和清晰度。矢量图形尤其适用于标志设计、图案设计、文字设计、版式设计等，它所生成文件也比位图文件要小一点。基于矢量绘画的软件有CorelDRAW、Illustrator、Freehand等。

位图：位图也叫像素图，它由像素或点的网格组成，与矢量图形相比，位图的图像更容易模拟照片的真实效果。其工作方式就像是用画笔在画布上作画一样。如果将这类图形放大到一定的程度，就会发现它是由一个个小方格组成的，这些小方格被称为像素点。一个像素点是图像中最小的图像元素。一幅位图图像包括的像素可以达到百万个，因此，位图的大小和质量取决于图像中像素点的多少，通常说来，每平方英寸的面积上所含像素点越多，颜色之间的混合也越平滑，同时文件也越大。基于位图的软件有Photoshop、Painter等。

基于位图处理的软件也不是说它就只能处理位图，相反基于矢量图处理的软件也不是只能处理图。例如：CorelDRAW虽然是基于矢量的程序，但它不仅可以导入(或导出)矢量图形，甚至还可以利用CorelTrace将位图转换为矢量图，也可以将CorelDRAW中创建的图形转换为位图导出。

基于矢量图的软件和基于位图的软件最大的区别在于：基于矢量图的软件原创性比较大，主要长处在于原始创作，而基于位图的处理软件，后期处理比较强，主要长处在于图片的处理。放大的矢量图的边和原图一样是圆滑的，而放大的位图的边就带有锯齿状。

2.1.3 颜色模式

颜色模式决定了用于显示和打印图像的颜色模型，它决定了如何描述和重现图像的色彩。常见的颜色模型包括HSB（色相、饱和度、亮度）、RGB（红色、绿色、蓝色）、CMYK（青色、品红、黄色、黑色）和 Lab等，因此，相应的颜色模式也就有RGB、CMYK、Lab等。此外，Photoshop 也包括了用于特别颜色输出的模式，如Grayscale（灰度）、Index Color（索引颜色）和Duotone（双色调）。

■RGB颜色模式

利用红（Red）、绿（Green）和蓝（Blue）三种基本颜色进行颜色加法，可以配制出绝大部分肉眼能看到的颜色。彩色电视机的显像管，以及计算机的显示器都是以这种方式来混合出各种不同的颜色效果的。

Photoshop将24位RGB图像看做由三个颜色通道组成。这三个颜色通道分别为：红色通道、绿色通道和蓝色通道。其中每个通道使用8位颜色信息，该信息是由从0到255的亮度值来表示的。这三个通道通过组合，可以产生1670余万种不同的颜色。由于用户可以从不同通道对RGB图像进行处理，从而增强了图像的可编辑性。

■CMYK颜色模式

CMYK颜色模式是一种用于印刷的模式，分别是指青（Cyan）、品红（Magenta）、黄（Yellow）和黑（Black）。该颜色模式对应的是印刷用的四种油墨颜色，其中，将C、M、Y三种油墨颜色混合在一起，印刷出来的黑色不是很纯正。为了使印刷品为纯黑色，所以将黑色并入了印刷色中，以表现纯正的黑色，还可以借此减少其他油墨的使用量。

CMYK模式在本质上与RGB颜色模式没有什么区别，只是产生色彩的原理不同。由于RGB颜色合成可以产生白色，因此也称它们为加色，RGB产生颜色的方法称为加色法。而青色(C)、品红(M)和黄色(Y)的色素在合成后可以吸收所有光线并产生黑色，这些颜色因此被称为减色，CMYK产生颜色的方法称为减色法。在处理图像时，我们一般不采用CMYK模式，因为这种模式的图像文件占用的存储空间较大。此外，在这种模式下，Photoshop提供的很多滤镜都不能使用，因此，只是在印刷时才将图像颜色模式转换为CMYK模式。

■Lab颜色模式

Lab颜色模式是以一个亮度分量L(Lightness)，以及两个颜色分量a与b来表示颜色的。其中，L的取值范围为0~100，a分量代表由绿色到红色的光谱变化，而b分量代表由蓝色到黄色的光谱变化，且a和b分量的取值范围均为120~120。Lab颜色模式是Photoshop内部的颜色模式。由于该模式是目前所有模式中色彩范围(称为色域)最广的颜色模式，它能毫无偏差地在不同系统和平台之间进行交换，因此，该模式是Photoshop在不同颜色模式之间转换时使用的中间颜色模式。

■Multichannel模式

将图像转换为Multichannel(多通道)模式后，系统将根据原图像产生相同数目的新通道，但该模式下的每个通道都为256级灰度通道(其组合仍为彩色)。这种显示模式通常用于处理特殊打印，例如，将某一灰度图像以特别颜色打印。如果用户删除了“RGB颜色”“CMYK颜色”“Lab颜色”模式中的某个通道，该图像会自动转换为Multichannel模式。

■Indexed颜色模式

为了减小图像文件所占的存储空间，设计了一种Indexed颜色模式。将一幅图像转换为Indexed模式后，系统将从图像中提取256种典型的颜色作为颜色表。将图像转换为Indexed 颜色模式后，【Image】\【Mode】菜单下的【Color Table】菜单项被激活，选择该菜单项可调整颜色表中的颜色，或选择其他颜色表。Indexed颜色模式在印刷中很少使用。但是，这种模式可极大地减小图像文件的存储空间(大概只有RGB模式的三分之一)，同时，这种颜色模式在显示上与真彩色模式基本相同。因此，这种颜色模式的图像多用于制作多媒体数据。

■Grayscale模式

Grayscale图像中只有灰度信息而没有彩色，Photoshop将灰度图像看成只有一种颜色通道的数字图像。

■Duotone模式

彩色印刷品通常情况下都是以CMYK四种油墨来印刷的，但也有些印刷物，例如名片，往往只需要用两种油墨颜色就可以表现出图像的层次感和质感。因此，如果并不需要全彩色的印刷质量，可以考虑利用双色印刷来节省成本。

Duotone模式与Grayscale模式相似，是由Grayscale模式发展而来的。但要注意，在Duotone模式中，颜色只是用来表示“色调”而已，因此，在这种模式下，彩色油墨是用来创建灰度级的，而不是创建彩色的。

当油墨颜色不同时，其创建的灰度级也是不同的。通常选择颜色时，都会保留原有的灰色部分作为主色，将其他加入的颜色作为副色，这样才能表现出较丰富的层次感和质感。

要将图像转换为Duotone模式，必须首先将图像转换为Grayscale模式，然后再由Grayscale模式转换为Duotone模式。

■Bitmap模式

要将文字或漫画等扫描进计算机，一般可以将其设置成位图形式。这种形式通常也被称为“黑白艺术”“位图艺术”或“一位元艺术”。

Bitmap模式适合于那些只由黑白两色构成而且没有灰色阴影的图像。按这种方式扫描图像的速度快，并且产生的图像文件小、易于操作，但它所获取的原图像信息很有限。

值得注意的是要将图像转换为Bitmap模式，必须首先将图像转换为Grayscale模式，然后再由Grayscale模式转换为Bitmap模式。

2.1.4 颜色模式的选择

在Photoshop中，系统推荐使用RGB颜色模式，因为只有在这种模式下，用户才能使用系统提供的所有命令与滤镜。因此，用户在进行图像处理时，如果图像的颜色模式不是RGB的话，可首先将其颜色模式转换为RGB模式，然后进行处理。处理结束后，再根据需要将其转换为相关模式。例如，如果图像文件用于彩色印刷，则应在处理结束后将其颜色模式转换为CMYK。

颜色模式除了用于确定图像中显示的颜色数量外，还影响通道数和图像的文件大小。例如，一个Grayscale(灰度)模式的图像要比RGB彩色模式的图像尺寸小得多，并且Grayscale模式图像只包含一个通道，而RGB彩色模式包含三个通道。此外，选用何种颜色模式还与该图像文件所使用的存储格式有关。例如，用户无法将使用CMYK颜色模式的图像以BMP、GIF等格式保存。

印刷品与网页的区别在于色彩模式不同，印刷品必须是CMYK色彩模式，而网页主要使用RGB色彩模式。

2.1.5 图层、通道、蒙板

1.图层

将Photoshop中的图层看成透明纸，其中一张堆放在其余纸张顶上。如果图层上有些区域没有图像，可以看到这部分区域底下的图层。在所有图层之后是背景层。Photoshop中的图层有普通层，背景层，调节层和文字层之分。

图层有着更多的功能、特效和使用方法，可以自由地设置透明度、调整次序，可以拿出来单独进行修改。在图层调板的某一层上单击，该层就成为当前层，可以进行编辑修改和添加特效等操作。

2.通道

同图层一样，通道实质上也是将图像分成独立的几个部分，不过分割的不是距离的远近而是不同的色彩。

通道指独立的存放图像的颜色信息的原色平面。我们可以把通道看作是某一种色彩的集合，如红色通道，记录的就是图像中不同位置红色的深浅(即红色的灰度)，除了红色外，在该通道中不记录其他颜色的信息。

RGB 图象有三个默认通道：分别用于红、绿、蓝颜色的通道。另外加上一个用于编辑图象的复合通道。还有一个关于通道的重要的概念Alpha：通道。Alpha 通道最初用于计算机图形程序中，作为储存一个图形文件选择和其他信息的方法。Alpha 通道具有以下特点：

■每个图像能够包含最多 24 个通道，包括所有颜色通道和 Alpha 通道。

■所有通道都是 8 位灰度图象，能够显示 256 级灰阶。

■可以添加或删除 Alpha 通道。

■可以指定每个通道的名称、颜色、蒙版选项和不透明度。（不透明度影响通道的预览，而不影响图象。）

■所有新通道具有与原图象相同的尺寸和象素数目。

■可以使用绘画和编辑工具在 Alpha 通道中编辑蒙版。

■将选区存放在 Alpha 通道使选区变得永久，以便在同一图象或不同的图象中重复使用它们。

3.蒙板

蒙板实际上是一个特殊的选择区域，记录为一个灰度图像。利用蒙板可以自由、精确地选择形状、色彩区域，与魔术棒的精于色彩疏于轮廓和路径的精于轮廓疏于色彩不同，蒙板兼两者之长而各去其短，在某种程度上讲，它是Photoshop中最准确的选择工具。

用蒙板选择了图像的一部分时，没有被选择的区域就处于被保护状态，这时再对选取区域运用颜色变化、滤镜和其它效果时，蒙板就能隔离和保护图像的其余区域；蒙板还可以用于将颜色或滤镜效果逐渐运用到图像上，将选取区域作为蒙板编辑的好处是可以使用几乎所有的Photoshop滤镜和工具来修改它；可以将搞定的一个选择区域作为蒙板储存为Alpha通道，以便以后重新使用。

蒙板显示在通道面板中，建立普通蒙板的方法是选定区域后在通道调板中单击“将选区存储为通道”按钮，也可以用工具栏中的“以快速蒙板模式编辑”按钮来建立一个"快速蒙板"，因为图层可以看作一个单独的图像，也可以对某一图层创建蒙板来控制其中的不同区域。

2.1.6 WACOM数位绘图板

WACOM公司诞生于日本，一直致力于创意、改善人与电脑的关系并使之协调的发展。

1983年，WACOM率先研制并将数位板和无线压感笔投入市场，初期主要用于电脑辅助CAD设计，取得了很大的成功。1988年WACOM的数位板和无线压感笔开始进入欧美市场，不仅在在电脑辅助CAD设计，更在DTP市场掀起狂潮。WACOM有效地解决了电脑笔输入的难题，随着电脑技术与电脑软件的技术发展，在多个领域创造着高效与完美。WACOM公司的产品不仅在电脑辅助CAD设计、DTP、CG等领域占据着支配地位，更已成为业界最高技术与最新潮流的引领者。WACOM的用户遍及全球，其中好莱坞和迪斯尼公司是WACOM全球最大、最著名的用户之一，大家熟知的《泰坦尼克号》和《魅影危机》(《星球大战前传》)等的恢弘壮大的场面和叹为观止的电影特技，都是WACOM数位板的杰作。WACOM和相关领域的全球各大知名厂商都建立了良好的合作伙伴关系，包括Adobe、Apple、AutoDesk、Corel、Intel、Macromedia、MetaCreations、Microsoft、Ulead等。

■intuos数位板（全称：智能图形图像数位板）是专门为专业设计师精心打造的高端精品，其性能和功能代表了目前输入板领域的世界最高水平。

■WACOM FAVO“非凡”，这是面对设计爱好者的普及型系列产品。

■PL液晶数位屏则是彩色液晶显示技术和数位板技术相结合的高端科技产品，是无纸办公及互动式图形输入的最好解决方案。

■ 影拓2代系列的属于专业中档货，性能比较稳定，感压状态不错，对软件的兼容性还比较好。比较便宜，用上去手感还不错的，属于普及性的产品。

2.1.7 网纹

在用扫描仪扫描铅笔、钢笔、图片线描稿图像处理中，有时扫出来的线描稿或图片会有很多网状的格子——网纹，为了减少这种网纹现象，须注意以下几点：

1.在扫描时dpi 的值应该设置得高一些，分辨率越高，扫出的图片也就越大，相对的精细程度也就越高。

2.用高斯虚化消除网纹

选择通道面板，四个通道分别为RGB、Red、Green和Blue。选择Red通道，图片显示为黑白效果。执行【滤镜】\【模糊】\【高斯模糊】即弹出高斯虚化对话框。调整Radius值，控制虚化的范围，使Red通道中的网纹几乎看不到，图片内容微呈模糊状即止。接着照此方法分别调整Green和Blue通道，以使该通道中的网纹消失。最后回到RGB通道，这时的图片已经没有网纹的干扰了。(注意：Radius的值不可设置得过大，以免造成对RGB通道过大的影响使图片变模糊。)

3.调整最后效果

如果网纹过于清晰以导致Radius值设置较大，那么RGB通道中图片会有些模糊。如果想使图片的内容清晰一些，还可以执行【滤镜】\【锐化】\【锐化】清晰效果。最后，再执行【图像】\【色阶】或【曲线】选项设置所需的对比度等数值，以达到最终满意的效果。

2.1.8 文件格式

文件格式是一种将文件以不同方式进行保存的格式。Photoshop支持几十种文件格式，因此能很好地支持多种应用程序。在Photoshop中，常见的格式有PSD、BMP、PDF、JPEG、GIF、TGA、TIFF等。

■PSD格式

PSD格式是Photoshop的固有格式，PSD格式可以比其他格式更快速地打开和保存图像，很好地保存层、通道、路径、蒙版以及压缩方案不会导致数据丢失等。但是，很少有应用程序能够支持这种格式。

■BMP格式

BMP(Windows Bitmap)格式是微软开发的Microsoft Pain的固有格式，这种格式被大多数软件所支持。BMP格式采用了一种叫RLE的无损压缩方式，对图像质量不会产生什么影响。

■PDF格式

PDF(Portable Document Format)是由Adobe Systems创建的一种文件格式，允许在屏幕上查看电子文档。PDF文件还可被嵌入到Web的HTML文档中。

■JPEG格式

JPEG(由Joint Photographic Experts Group缩写而成，意为联合图形专家组)是我们平时最常用的图像格式。它是一个最有效、最基本的有损压缩格式，被极大多数的图形处理软件所支持。JPEG格式的图像还广泛用于网页的制作。如果对图像质量要求不高，但又要求存储大量图片，使用JPEG无疑是一个好办法。但是，对于要求进行图像输出打印，最好不使用JPEG格式，因为它是以损坏图像质量而提高压缩质量的。

■GIF格式

GIF格式是输出图像到网页最常采用的格式。GIF采用LZW压缩，限定在256色以内的色彩。GIF格式以87a和89a两种代码表示。GIF87a严格支持不透明像素。而GIF89a可以控制那些区域透明，因此，更大地缩小了GIF的尺寸。如果要使用GIF格式，就必须转换成索引色模式(Indexed Color)，使色彩数目转为256或更少。

■TGA格式

TGA(Targa)格式是计算机上应用最广泛的图象文件格式，它支持32位。

■TIFF格式

TIFF(Tag Image File Format，意为有标签的图像文件格式)是Aldus在Mac初期开发的，目的是使扫描图像标准化。它是跨越Mac与PC平台最广泛的图像打印格式。TIFF使用LZW无损压缩方式，大大减少了图像尺寸。另外，TIFF格式最令人激动的功能是可以保存通道，这对于你处理图像是非常有好处的。

2.2 Photoshop工作界面

工作界面由菜单栏、工具栏、工具箱、控制面板、状态栏等部分组成。如图2-1所示。

图2-1 Photoshop CS工作界面

2.2.1 菜单栏

菜单是Photoshop CS的重要组成部分，从图2-1中可以看到，Photoshop CS有9个菜单。

1.文件菜单

文件菜单主要用于执行建立、打开、保存等文件本身的操作以及操作环境和外设管理的工作。

2.编辑菜单

主要用于对选定图像、选定区域进行各种编辑的操作。在Photoshop中经常要用到此菜单，而且此菜单的各个命令和其他应用软件中的编辑菜单的功能相差不大，就是有一些图形处理的功能，如填充、描边及自由变换和变形的等。

3.图像菜单

主要用于图像模式、图像色彩和色调、图像大小等各项的设置，通过对图像菜单中各项命令的应用可以使制作出来的图像更加逼真，而且往往运用图像菜单的某一个调节的命令就能使你的作品提高几个档次。

4.图层菜单

图层菜单的操作对象是某一图层中的图像或图层中图像的选择区域。

5.选择菜单

用来控制使用选取的图像像素的区域

6.滤镜菜单

主要用于对图像进行各种特技效果的处理。

7.视图菜单

提供一些辅助命令，它是为了帮助用户从不同视角、不同的方式来观察图像。

8.窗口菜单

用于管理Photoshop中各个窗口的显示与阵列方式。

9.帮助菜单

2.2.2　工具栏、状态栏

工具栏是Photoshop CS界面的一大特色，如图2-2就是选择渐变工具后的工具栏。

图2-2　渐变工具工具栏

状态栏位于窗口的最底部，它由三部分组成。最左边的部分显示了图像的比例；第二部分是显示图像文件信息的区域，在其右边的小三角按钮按下鼠标不放，可以打开一个菜单，从中选择显示文件的不同信息。第三部分则是显示当前的操作状态和操作时的工具提示信息。

2.2.3　工具箱

Photoshop CS拥有一个功能强大、使用方便的工具箱，工具箱由两部分组成，如图2-3所示：上半部分是使用工具，下半部分是四种控制器，各个工具的功能如表2-1所示。

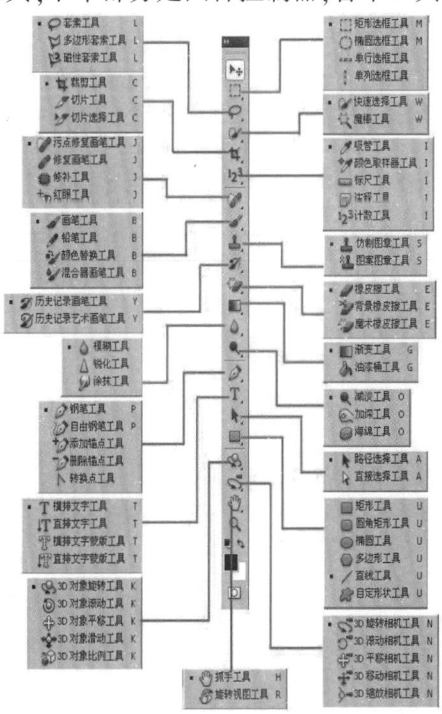

图2-3　工具箱

工具箱有以下几个特点：

■工具箱并没有将全部工具显示出来，其他的工具隐藏在带有黑色小三角的工具项中。打开有两种方法：一种是将鼠标移到含有多个工具的图标按钮上，单击鼠标左键并按住不放，此时出现一个含有多个工具的选择面板，拖动鼠标到用户要选择的工具图标处释放即可选择该工具。另一种是按住Alt键不放，单击工具图标按钮，可在多个工具之间进行切换。

■将鼠标放在工具按钮上停留几秒钟，鼠标旁边将出现一个工具名称的提示，提示括号中的字母便是该工具的快捷键。一般来说快捷键使用Alt键加上括号中的字母。

■工具箱的功能划分为六个部分，如图2-4所示。

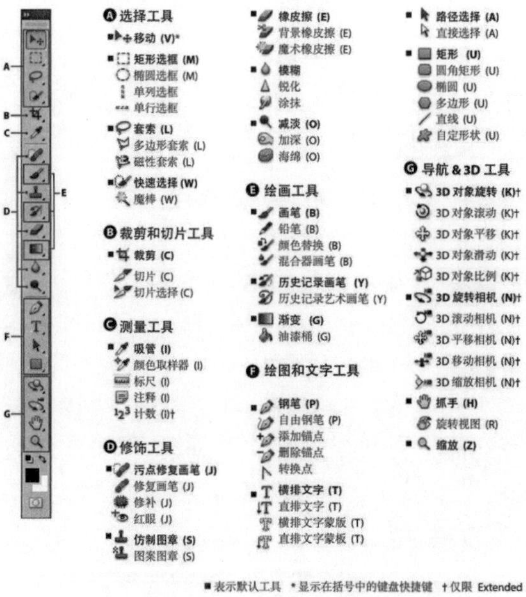

图2-4 工具箱功能划分

表2-1 Photoshop工具表

工具	含有的工具	功　能
选择工具	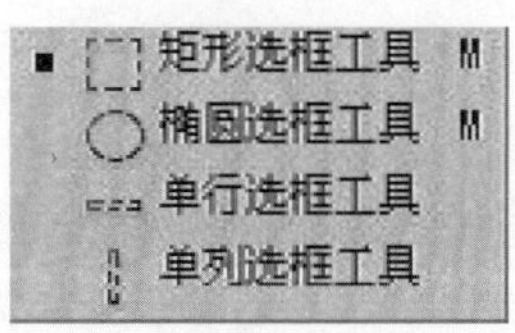	选取工具包含了矩形、椭圆、单行、单列选取工具。 矩形选取工具：选取该工具后在图像上拖动鼠标可以确定一个矩形的选取区域，也可以在选项面板中将选区设定为固定的大小。如果在拖动的同时按下Shift键可将选区设定为正方形。 椭圆形选取工具：选取该工具后在图像上拖动可确定椭圆形选取工具，如果在拖动的同时按下Shift键可将选区设定为圆形。 单行选取工具：选取该工具后在图像上拖动可确定单行(一个像素高)的选取区域。 单列选取工具：选取该工具后在图像上拖动可确定单行(一个像素宽)的选取区域

（续表）

移动工具		选择该工具后拖动鼠标，可将某一图层中的全部图像或选择区域移动到指定位置
套索工具	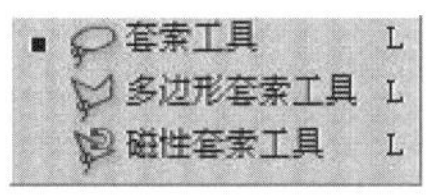	套索工具:用于通过鼠标等设备在图像上绘制任意形状的选取区域。 多边形套索工具:用于在图像上绘制任意形状的多边形选取区域。 磁性套索工具:用于在图像上具有一定颜色属性的物体的轮廓线上设置路径
快速选择工具 魔棒工具	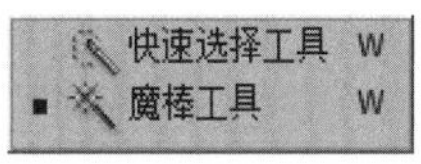	快速选择工具：使用可调整的圆形画笔笔尖快速"绘制"选区。 魔棒工具：使用它在图像中单击某一点，则该点附近与其颜色相同或相近的区域被选中
裁剪工具 切片工具 切片选择工具		裁剪工具:使用该工具在图像中拖动鼠标选择一区域后，双击鼠标可把选择区域以外的区域切除。 切片工具：可以将文档分解为多个较小的文件。 切片选择工具:可选择切片
吸管工具 颜色取样器工具 标尺工具 注释工具 计数工具	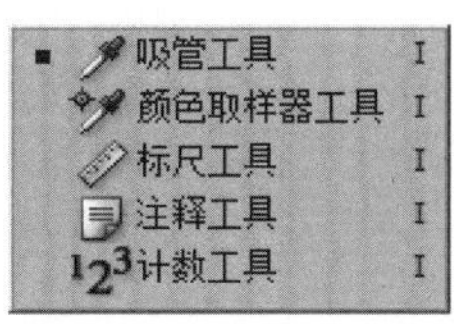	吸管工具:采集当前的前景色。选中该工具后,将光标移到图像上,在所需色样处单击鼠标,即可完成颜色的采样。颜色取样器工具：用于在信息控制面板上显示某一点的彩色模式的数值。 标尺工具：主要用于在信息控制面板上显示两个色彩点的位置和距离等。 注释工具:在图像中添加文本注释等。 计数工具:可统计图像中对象的个数
画笔工具 铅笔工具 颜色替换工具		画笔工具：可以绘制出比较柔和的线条,其效果如同用毛笔画出的线条。 铅笔工具：用来画一些棱角突出的线条,如同平常使用铅笔绘制图形一样。 颜色替换工具:可将选定颜色替换为新颜色

（续表）

仿制图章工具 图案图章工具	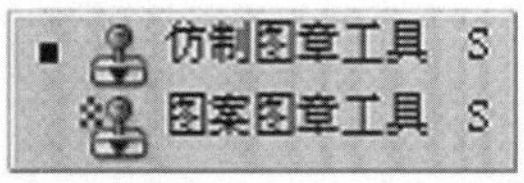	是一种图形复制工具，先要设置区域或定义区域。 仿制图章工具：在工具箱中选中该工具后，将鼠标放到要被复制的图像的窗口上，按住Alt键单击鼠标选样，这样被复制的图像保存到剪贴板中。把鼠标移到要复制图像的窗口中，选择一点后按住鼠标拖动即可逐渐出现复制的图像。 图案图章工具：使用矩形工具在图像中选择一个矩形的区域作为定义对象，然后执行“编辑”菜单中的定义图案命令定义好图案。在要复制的图像中拖动鼠标即可逐渐出现选择的矩形区域图像
历史记录画笔工具	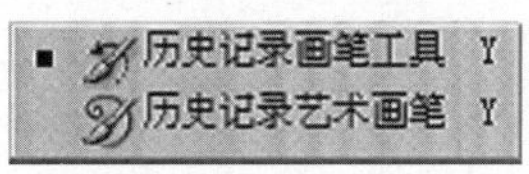	历史记录画笔工具：可将选定状态或快照的副本绘制到当前图像窗口中。 历史记录艺术画笔：可使用选定状态或快照，用模拟不同绘画风格的风格化描边绘画
橡皮擦工具	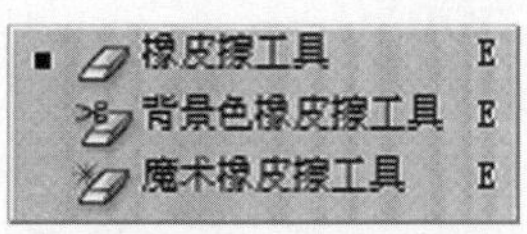	共有3种橡皮擦工具： 橡皮擦工具：橡皮擦工具的使用和我们使用的橡皮差不多，用鼠标在图像中来回拖曳将在背景图像或选择区域内用背景色擦除部分图像。 背景橡皮擦工具：通过拖曳鼠标删除以鼠标为圆心的圆形区域。把图层上的像素擦成透明色，使用不同的采样方式和色差范围，可以控制透明色擦除的范围以及擦出的边缘。 魔术橡皮擦工具：选中该工具后在图像中单击即可一次擦除图像或选择区域中颜色相同或相近的区域，同时把擦出的区域变为透明

（续表）

渐变和油漆桶工具	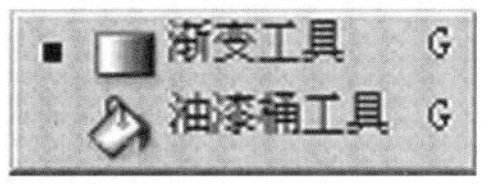	渐变工具：选中该工具后在图像中拖动能够在图像或选区内填充一种连续色调，对于这种连续色调可实现从一种颜色过渡到另一种颜色，或者从前景色过渡到背景色，从一种颜色过渡到透明色等功能，从而产生一种渐变的特殊效果。 油漆桶工具：用于在图像或选择区域内，对颜色值相近的邻近像素进行色彩或图案的填充
模糊、锐化、涂抹工具		模糊工具：选中该工具后在图像中拖曳可以柔化图形锐利的边缘。 锐化工具：选中该工具后在图像中拖曳可以增加图形的清晰度 涂抹工具：选中该工具后，用鼠标先在某处取色然后拖动即可图像中拖曳模拟在未干的绘画上拖移手指的动作
颜色调和工具	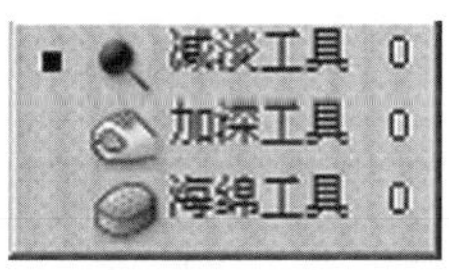	减淡工具：增加特定区域的曝光度使图像区域变亮 加深工具：减少特定区域的曝光度使图像区域变暗 海绵工具：改变图像色彩的饱和度
路径工具	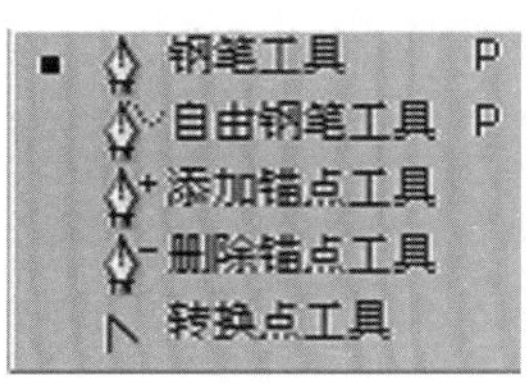	是用户编辑和绘制路径的一个重要工具
文本工具	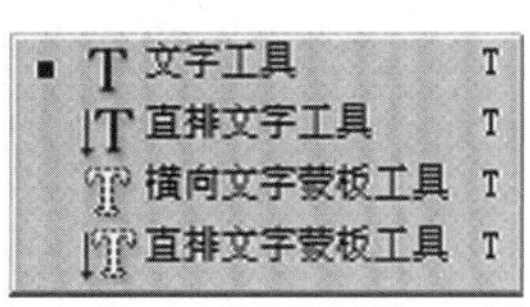	文字工具：用前景色创建横排或竖排文字。 文字蒙板工具：用于创建横排或竖排的文字选区

（续表）

路径编辑工具	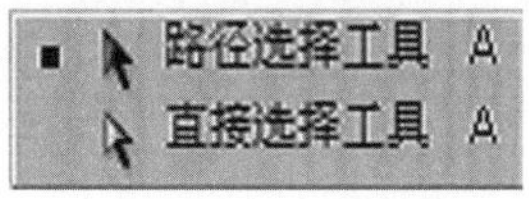	通过这两个按钮结合前面钢笔工具中的部分按钮可以对绘制后的路径曲线进行编辑和修改，完成路径曲线的后期调节工作
形状工具	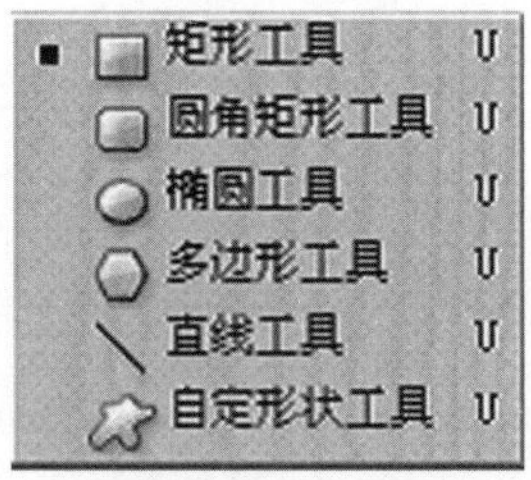	选中该工具后在图像中拖动可以绘制方形、圆形、直线、多边形及各种常用的图形。 直线工具：不仅可以绘制直线，通过设置选项工具栏可以绘制各种箭头。 多边形工具：通过设置选项工具栏中的边数可以绘制多边形。 自定义形状工具：提供了一些经常使用的形状
快速蒙板控制器	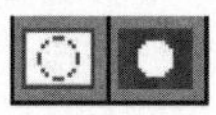	用于用户快速进入和退出蒙板编辑状态
3D 对象旋转工具	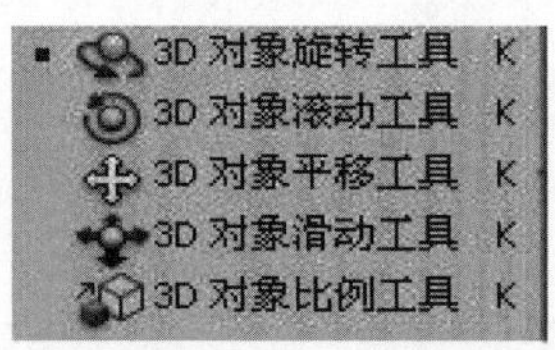	3D 对象旋转工具：可使对象围绕其 x 轴旋转。 3D 对象滚动工具：可使对象围绕其 z 轴旋转。 3D 对象平移工具：可使对象沿 x 或 y 方向平移。 3D 对象滑动工具：可在沿水平方向拖动对象时横向移动对象，或在沿垂直方向拖动时前进和后退。 3D 对象缩放工具：可增大或缩小对象
抓手工具		抓手工具：用来移动图像的观察位置，与移动工具不同，它不改变图像或图层的实际位置。 旋转视图工具：旋转视图的观察位置

（续表）

缩放工具		用于缩放图像，它不改变图像的实际尺寸
颜色控制器		用来显示和改变前景颜色和背景颜色
3D 旋转相机工具	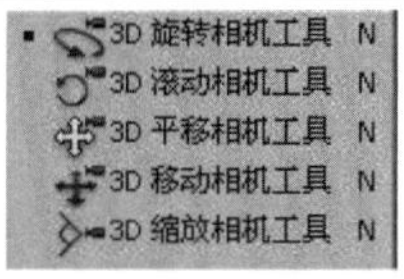	3D 旋转相机工具：可将相机沿 x 或 y 方向环绕移动。 3D 滚动相机工具：可将相机围绕 z 轴旋转
		3D 平移相机工具：可将相机沿 x 或 y 方向平移。 3D 移动相机工具：可在沿水平方向拖动相机时横向移动相机，或在沿垂直方向拖动时前进和后退
		3D 缩放相机工具：可拉近或拉远视角

2.2.4 控制面板

软件右侧的四个默认面板组，分别是Navigator、Info（导航器、信息）面板：用Navigator面板可以对特定的区域按指定比例放大，但它不影响图象的编辑，Info面板显示当前光标所在位置的色彩及坐标信息；Color、Swatches、Styles（颜色、色板、风格）面板：Color、Swatches面板用来调整图象所需的颜色。Styles面板专门用来处理矢量图形，它能对选择区域付给一种特定的图形风格；History、Action（历史、动作）面板：利用History面板可以查看进行过的各种操作的历史记录，而使用Actions面板可记录、播放、编辑动作，还可以改变动作序列；Layer、Channels、Paths（图层、通道、路径）面板：用Layer面板可以进行图层操作，如图层的新建、删除、调换等，Channels面板中显示通道信息，还可以利用它对通道进行编辑，利用Paths面板可以编辑路径，还可以在路径和选区之间相互转换。

在面板组中单击并拖动相应的标签，即可调整所需面板的显示状态及位置。也就是说面板组可以根据自己的需要进行不同的设置组合。如图2-5所示。

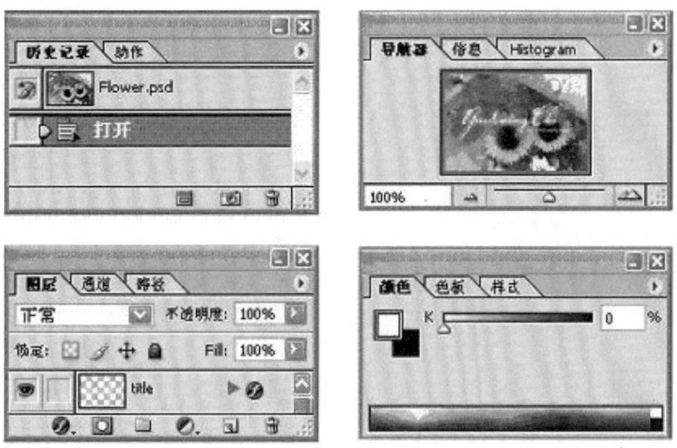

图2-5　预置的控制面板

对于每一个控制面板，"窗口"菜单中都有一个显示和隐藏该控制面板的命令。如果要显示隐藏图层面板可以单击"窗口"菜单"显示图层"，同样也可以把某一面板隐藏。

2.2.5 图像窗口

图像窗口是显示图像的区域，也是编辑和处理图像的区域，如对图像的区域的选择、改变图像的大小等。图像窗口包括标题栏、最大最小化按钮、滚动条以及图像显示区等几部分。用鼠标点击图像窗口左上角的眼睛图标，即可打开图像查控制菜单，如图2-6所示。

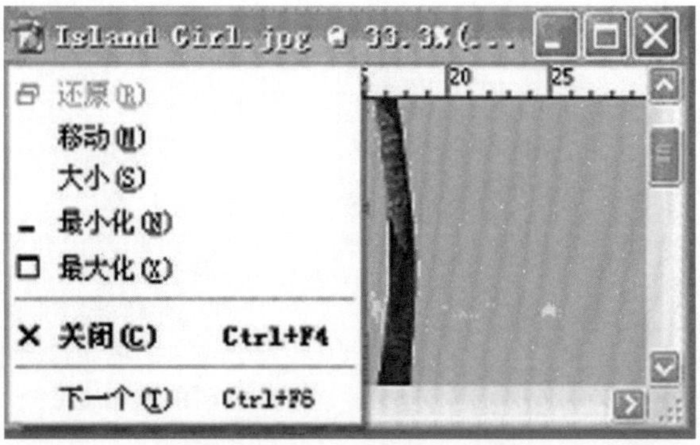

图2-6 图像窗口及控制菜单

练习与思考

1. Phtotoshop CS工具箱的工具有哪些？各有什么功能？
2. Phtotoshop CS储存的文件格式有哪些？各有什么特点？
3. Phtotoshop CS的色彩模式有哪些？有什么区别？
4. 图层、通道、蒙板有什么区别？
5. 使用工具箱的工具及菜单栏命令，进行几何体的练习。

第3章　服装CIS设计应用实例

3.1　相关知识介绍

3.1.1　CIS的定义及其特点

CIS是Corporate Identity System的简称，通常译之为“企业识别系统”。是指企业通过传播媒介，以增进社会认同的符号传达系统将企业的经营理念与经营哲学向社会大众进行有效传达的过程。CIS是企业在其经营过程中，提升其社会形象最有力的手段之一。企业识别系统CIS包括企业经营理念、行为活动、视觉传达等实体性与非实体性的整体传播系统，其中又以标志、标准字、标准色、企业精神口号等基本要素为主要的识别要素。

一般来说，CIS有以下几个特点：

1.将企业的管理、营销、公关与广告提升为贯彻落实企业经营理念与经营哲学的具体行动。

2.CIS计划的职责划分不单是广告、宣传部门的事，而是由企业首脑亲自把握，动员整个企业所有部门人员参与，人人有责。

3.CIS计划的企业情报传达对象，不单是指向消费者，同时也指向企业内部员工、社会大众及相关团体。

4.CIS计划的企业情报传达媒体，不单是大众传播媒体，而且要尽最大限度地运用企业内外所有的传播资源。

5.作为一套系统、完整、严密的企业形象传播方案，CIS计划不是短期的即兴作业，而是企业长期的战略规划，是需要定期督导与有效监控的系统工程。

实施CIS计划，对内可以增强企业职工的向心力，调动全员劳动积极性，使企业充满活力；对外则会使企业形象更加鲜明、充实、可信，获得社会大众的支持。

3.1.2　企业识别系统CIS的基本构成

企业识别系统CIS的基本构成由下列三个子系统构成：

1.理念识别系统（Mind Identity System）简称MIS。

2.行为识别系统（Behavior Identity System）简称BIS。

3.视觉识别系统（Visual Identity System）简称VI。

三个子系统相互推衍依存，共同带动企业经营的步伐，塑造企业独特的形象。

■理念识别系统MIS是企业识别系统的核心与原动力，属于思想文化的意识层面，经营理念是由内向外扩散，经由这种内蕴动力的贯彻，最后达成认知识别的目的，塑造独特的企业形象。MIS是企业经营战略、生产、市场等环节的总的原则、方针、制度、规划、法规的统一规范。在设计层面上，MIS具体表现为企业的经营信条、精神标语、座右铭、经营策略等形式。

■行为识别系统BIS是以明确而完善的经营理念为核心，显现至企业内部的制度、管理、教育、等行为，并扩散回馈社会的公益活动、公共关系等动态识别形式。BIS个体包括对内和对外两部分。对内包括干部教育、员工教育（服务态度、电话礼貌、应接技巧、服务水准、作业精神）、生产福利、工作环境、内部修缮、生产设备、废弃物处理、公害对策、研究开发等；对外包括市场调查、产品开发、公共关系、促销活动、流通政策、代理商、金融业、股市对策、公益性、文化性活动等。活动识别是一种动态的识别形式。

■视觉识别系统是运用系统的、统一的视觉符号系统，对外传达企业的经营理念与情报信息，是企业识别系统中最具传播力与感染力的要素，它接触的层面最广泛，可快速而明确地达成认知与识别的目的。VIS的基本要素包括企业名称、企业标志、企业标准字体、企业标准色、企业象征图案等，应用要素包括事物用品、办公用具、设备、招牌、旗帜、标识牌、建筑外观、橱窗、且装饰品、交通工具、产品、包装用品、广告传播、展示陈列等。视觉识别是静态的识别符号具体化、视觉化的传百家形式，项目最多，层面最广，效果更直接。

综上所述，企业的理念识别系统MIS是实施CI的重心，能否开发完善的企业识别系统，要看企业经营理念的建立与贯彻，才能由这一思想体系带动动态的企业活动与静态的视觉传达设计来创造独特的企业形象。在企业识别系统中，视觉识别系统VIS的传播力量最为具体而直接，它能将企业识别的基本——差异性充分地表达出来，让社会大众清晰地了解掌握企业的情报信息，从而达到认知识别的目的。

3.2 标志设计

3.2.1 标志设计的定义

标志是表明事物特征的记号——它以单纯、显著、易识别的物象、图形或文字符号为直观语言，除标示什么、代替什么之外，还具有表达意义、情感和指令行动等作用。

在VIS中，标志是应用最广泛、出现频率最多的要素。它启动所有视觉设计要素的主导力量，是统合所有视觉设计要素的核心。更重要的是，在消费者心目中，标志与特定企业，特定品牌是同一个事物。

3.2.2 标志在视觉识别系统中的特性

1.识别性：这是企业标志在视觉传达中的基本功能，在VIS设计开发中通过整体性的规划与精心设计所产生的造型符号，具有个性独特的风貌和强烈的视觉冲击力，因此在企业传达中是最具认知识别机能的设计要素。

2.领导性：标志作为企业视觉传达要素的核心和主导力量，在视觉识别计划的各个要素展开设计中居于重要的地住，而且是不可少的构成要素，扮演着决定性，领导性的角色，统领着视觉传达的其他要素。

3.同一性：企业标志是企业经营抽象精神之具体表现，代表着企业的经营理念、经营内容、产品的物质。因此，消费大众对企业标志的认同就等于对企业的认同，形成固定的印象模式，所以标志一经确定为某种标准样式，就不能任意更改或破坏，否则会影响消费大众对企业的信心，更会产生对企业不利的负面印象。即使因为某种特殊原因需要变更企业标志，也应采取慎重的态度，不能草率从事。

4.时代性：标志是企业同一化的表现，在企业视觉识别系统中居于核心和领导的地位，在当今消费意识与审美情趣急剧变化的时代，人们追求流行时尚的心理趋势，使标志面临着时代意识的要求，要吻合时代潮流。

5.延伸性：标志在运用中要出现在不同的场合，涉及到不同的传播媒体，因此它必须有一定的适合度，即除了有一标准的设计形态外，还需要有一定的变体设计，产生具有适合度的效果与表现。

6.系统性：作为VIS中的标志的设计，必须考虑到它与其他视觉传达要素的组合运用，因此必须具备系统化、规格化、标准化的要求，做出必要的应用组合规范，以避免非系统性的分散混乱的负面效果。在集团企业之间关系上，可以采用不同的图案编排组合方式。来强化关系企业系统化的精神。

3.2.3 标志的意义

今天的社会，印刷、摄影、设计和图像传送的作用越来越重要，这种非语言传送的发展具有了和语言传送相抗衡的竞争力量。标志，则是其中一种独特的传送方式。

3.2.4 标志的特点

1.功用性：标志的本质在于它的功用性。经过艺术设计的标志虽然具有观赏价值，但标志主要不是为了供人观赏，而是为了实用。标志是人们进行生产活动、社会活动必不可少的直观工具。标志有为人类共用的，如公共场所标志、交通标志、安全标志、操作标志等；有为国家、地区、城市、民族、家族专用的旗徽等标志；有为社会团体、企业、仁义、活动专用的，如会徽、会标、厂标、社标等；有为某种商品产品专用的商标；还有为集体或个人所属物品专用的，如图章、签名、花押、落款、烙印等，都各自具有不可替代的独特的使用功能。具有法律效力的标志尤其兼有维护权益的特殊使命。

2.识别性：标志最突出的特点是各具独特面貌，易于识别，显示事物自身特征，标示事物间不同的意义，区别与归属是标志的主要功能。各种标志直接关系到国家、集团乃至个人的根本利益，决不能相互雷同、混淆，以免造成错觉。因此标志必须特征鲜明，令人一眼即可识别，并过目不忘。

3.显著性：显著是标志又一重要特点，除隐形标志外，绝大多数标志的设置就是要引起人们注意。因此色彩强烈醒目、图形简练清晰，是标志通常具有的特征。

4.多样性：标志种类繁多、用途广泛，无论从其应用形式、构成形式、表现手段来看，都有着极其丰富的多样性。其应用形式，不仅有平面的(几乎可利用任何物质的平面)，还有立体的(如浮雕、任意形立体物或利用包装、容器等的特殊式样做标志等)。其构成形式，有直接利用物象的，有以文字符号构成的，有以具象、意象或抽象图形构成的，有以色彩构成的。多数标志是由几种基本形式组合构成的。就表现手段来看，其丰富性和多样性几乎难以概述，而且随着科技、文化、艺术的发展，总在不断创新。

5.艺术性：凡经过设计的非自然标志都具有某种程度的艺术性。既符合实用要求，又符合美学原则。给人以美感，是对其艺术性的基本要求。一般来说，艺术性强的标志更能吸引和感染人，给人以强烈和深刻的印象。标志的高度艺术化是时代和文明进步的需要，是人们越来越高的文化素养的体现和审美心理的需要。

6.准确性：标志无论要说明什么、指示什么，无论是寓意还是象征，其含义必须准确。首先要易懂，符合人们认识心理和认识能力。其次要准确，避免意料之外的多解或误解，尤应注意禁忌。让人在极短时间内一目了然、准确领会无误，这正是标志优于语言、快于语言的长处。

7.持久性：标志与广告或其他宣传品不同，一般都具有长期的使用价值，不轻易改动。

3.2.5 标志设计的原则

标志设计不仅是实用物的设计，也是一种图形艺术的设计。它与其他图形艺术表现手段既有相同之处，又有自己的艺术规律。必须体现前述的特点，才能更好地发挥其功能。由于对其简练、概括、完美的要求十分苛刻，即要完美到几乎找不至更好的替代方案，其难度比之其他任何图形艺术设计都要大得多。

1.设计应在详尽明了设计对象的使用目的、适用范畴及有关法规等有关情况和深刻领会其功能性要求的前提下进行。

2.设计须充分考虑其实现的可行性，针对其应用形式、材料和制作条件采取相应的设计手段。同时还要顾及应用于其他视觉传播方式(如印刷、广告、映像等)或放大、缩小时的视觉效果。

3.设计要符合作用对象的直观接受能力、审美意识、社会心理和禁忌。

4.构思须慎重推敲，力求深刻、巧妙、新颖、独特，表意准确，能经受住时间的考验。

5.构图要凝练、美观、适形(适应其应用物的形态)。

6.图形、符号既要简练、概括，又要讲究艺术性。

7.色彩要单纯、强烈、醒目。

8.遵循标志设计的艺术规律，创造性地探求恰当的艺术表现形式和手法，锤炼出精当的艺术语言，使所设计的标志具有高度的整体美感、获得最佳视觉效果。

3.2.6 标志设计的表现手段

标志设计的表现手段极其丰富多样，并且不断发展创新，仅举常见概述如下：

1.标志的构思手法

表象手法：采用与标志对象直接关联而具典型特征的形象，直述标志的目的。这种手法直接、明确、一目了然，易于迅速理解和记忆。

象征手法：采用与标志内容有某种意义的联系的事物图形、文字、符号、色彩等，以比喻、形容等方式象征标志对象的抽象内涵。象征性标志往往采用已为社会约定俗成认同的关联物象作为有效代表物。如用鸽子象征和平，用雄狮、雄鹰象征英勇，用日、月象征永恒，用松鹤象征长寿，用白色象征纯洁，用绿色象征生命等。这种手段蕴涵深邃，适应社会心理，为人们喜闻乐见。

寓意手法：采用与标志含义相近似或具有寓意性的形象，以影射、暗示、示意的方式表现标志的内容和特点。如用伞的形象暗示防潮湿，用玻璃杯的形象暗示易破碎，用箭头形象示意方向等。

模拟和法：用特性相近事物形象模仿或比拟所标志对象特征或含义的手法。

视感手法：采用并无特殊含义的简洁而形态独特的抽象图形、文字或符号，给人一种强烈的现代感、视觉冲击感或舒适感，引起人们注意并使其难以忘怀。这种手法不靠图形含义而主要靠图形、文字或符号的"视感"力量来表现标志。如李宁牌运动服将拼音字母L横向夸大为标志等。为使人辨明所标志的事物，这种标志往往配有少量小字，一旦人们认同这个标志，去掉小字也能辨别它。

2.标志图形表现形式

具象形式：基本忠实于客观物象的自然形态，经过提炼、概括和变化，突出与夸张其本质特征，作为标志图形。这种形式具有易识别的特点。

意象形式：以某种物象的形态为基本意念，以装饰的、抽象的图形或文字符号来表现的形式。如中国民航的标志图形就是以凤凰形态为意念，以抽象图形来表现的。这种形式往往有更高的艺术格调和现代感。

抽象形式：以完全抽象的几何图形、文字或符号来表现的形式。这种图形往往具有深邃的抽象含义、象征意味或神秘感。也可没有更深刻的含义仅表特征的，如夸大英文名称

(或拼音字句称)的字头等。这种形式往往具有更强烈的现代感和符号感,易于记忆。

3.标志的表现手法

秩序化手法:均衡、均齐、对称、放射、放大或缩小、平行或上下移动、错位等有秩序、有规律、有节奏有韵律地构成图形,给人以规整感。

对比手法:色与色的对比,如黑白灰、红黄蓝等;形与形的对比,如大中小、粗与细、方与圆、曲与直、横与竖等,给人以鲜明感。

点线面手法:可全用大中小点构成,阴阳调配变化;也可全用线条构成,粗细方圆曲直错落变化;也可纯粹用块面构成;也可点线面组合交织构成,给人以个性感和丰富感。

矛盾空间手法:将图形位置上下左右正反颠倒、错位后构成特殊空间,给人以新颖感。

共用形手法:两个图形合并在一起时,相互边缘线是共用的,仿佛你中有我,我中有你,从而组成一个完整的图形,如太极图的阴阳边缘线共用,给人以奇异感。

3.2.7 标志设计应用实例

1.运行Photoshop CS,用【Ctrl】+【N】新建文件,进行如图3-1所示的设置。

图3-1 新建文件

2.使用【Ctrl】+【R】显示标尺,用移动工具 拖出辅助线如图3-2所示。

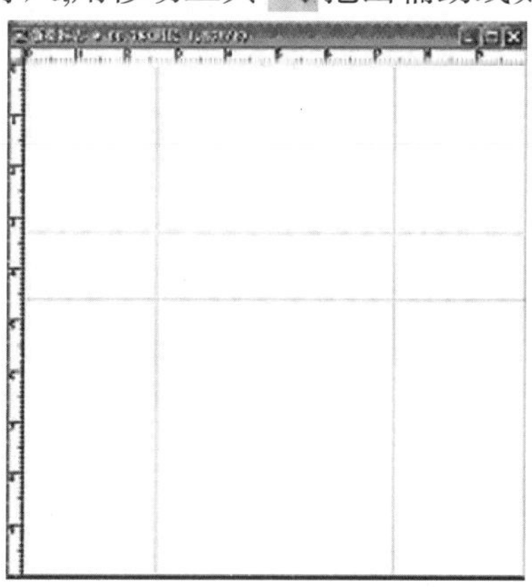

图3-2 辅助线设置

3选择工具箱的钢笔工具 ,设置如图3-3所示。

图3-3 钢笔工具选项栏

4.在辅助线内点击鼠标左键大致创建一个图形如图3-4所示。

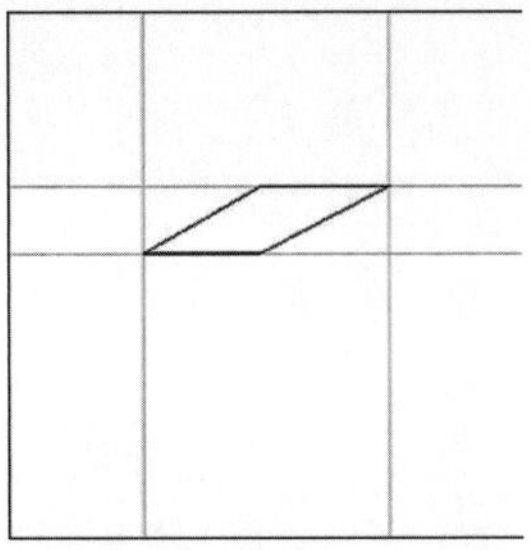

图3-4　创建基本图形

5选择工具箱的增加锚点工具 ，在路径上单击增加一个节点，如图3-5所示。

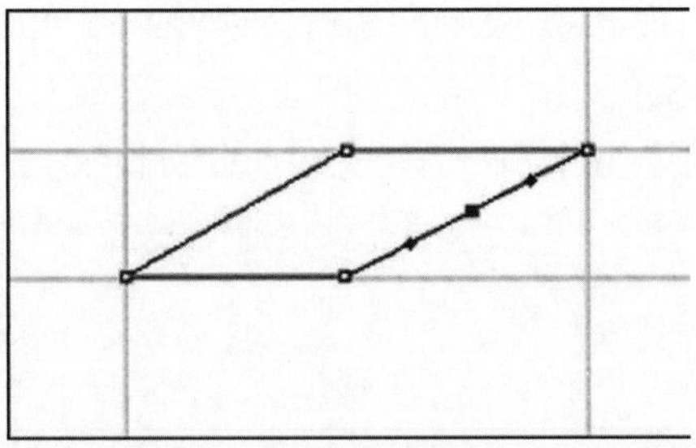

图3-5　增加节点

6.拖动节点手柄，使原直线路径变成曲线路径，如图3-6所示。

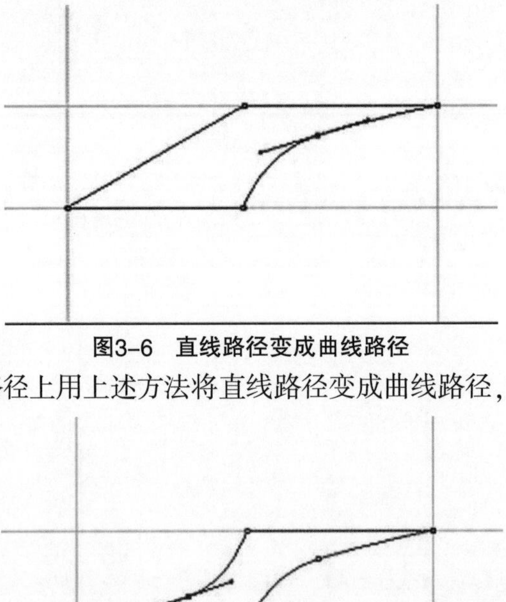

图3-6　直线路径变成曲线路径

7.在另一根斜线路径上用上述方法将直线路径变成曲线路径，如图3-7所示。

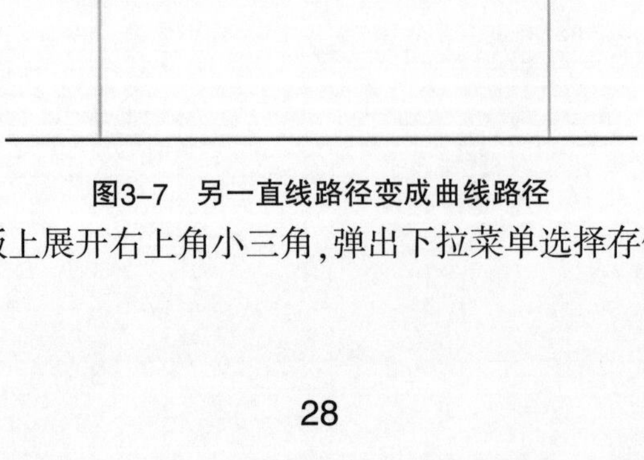

图3-7　另一直线路径变成曲线路径

8.在路径活动面板上展开右上角小三角，弹出下拉菜单选择存储路径，以便再次调用该图形，如图3-8所示。

图3-8　存储路径

9.由路径建立选区，如图3-9所示；在弹出建立选区窗口内，设置参数如图3-10所示。

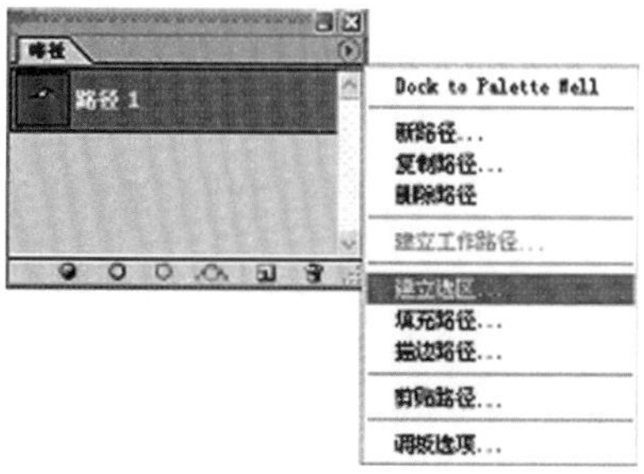

图3-9由路径建立选区

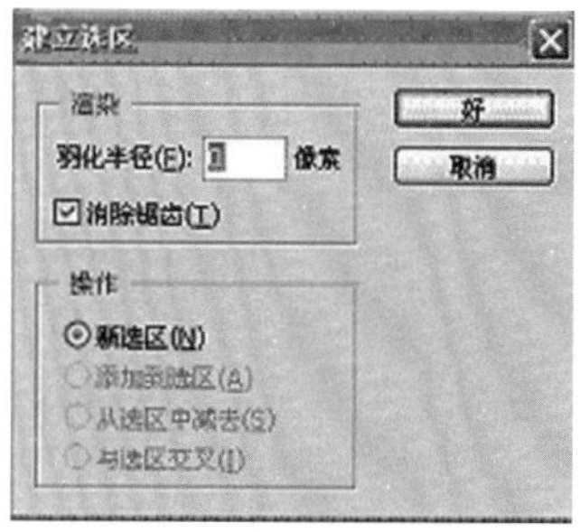

图3-10建立选区设置参数

10.在图层活动面板中单击按钮，创建一个新图层"图层1"，如图3-11所示。

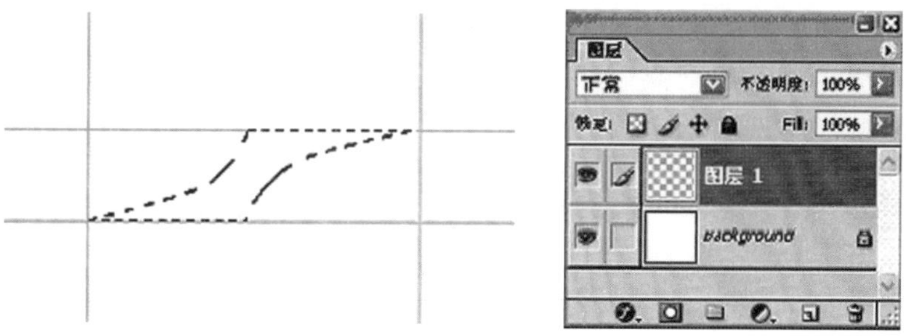

图3-11　创建一个新图层

11.设置前景色的RGB值为(244,128,0)，按【Alt】+【BackSpace】组合键用前景色填充选择区，如图3-12、图3-13所示。

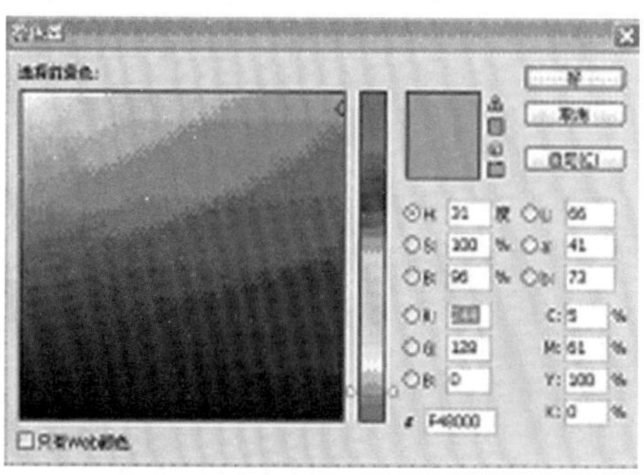

图3-12设置填充色彩RGB值

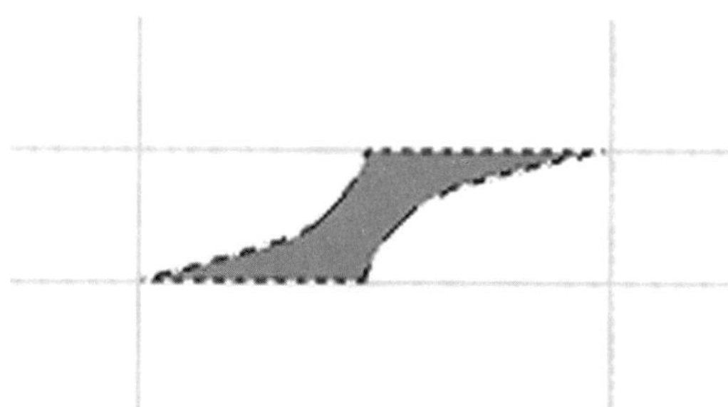

图3-13前景色填充选择区

12.在图层活动面板展开右上角小三角复制图层1，在图层1上复制出图层1副本，如图

3–14所示。

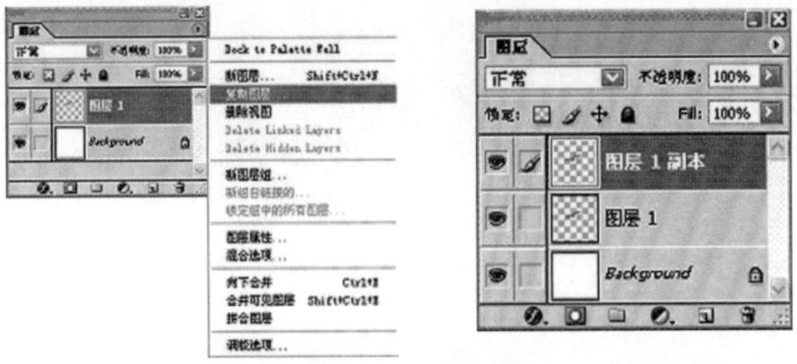

图3–14　复制图层

13.将图层1和图层1副本通过移动、排列、对齐后的效果，如图3–15所示。

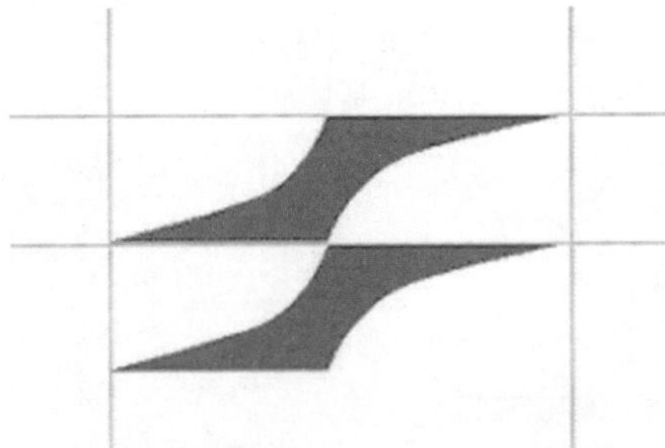

图3–15　图层移动、排列、对齐后效果

14.选中图层1副本的造型成选择区，设置前景色的RGB值为(34,19,86)，按【Alt】+【BackSpace】组合键用前景色填充，如图3–16所示。

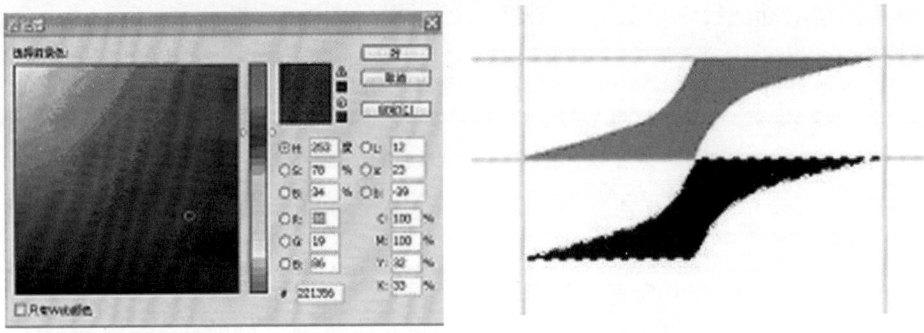

图3–16　图层1副本的造型填色

15.再复制图层1两次，产生图层1副本2和图层1副本3，用来做图层1和图层1副本商标造型的衬底，并用的前景色黑色进行填色，如图3–17所示。

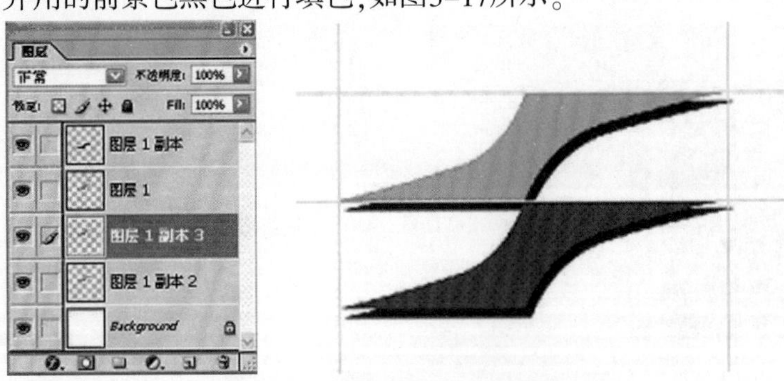

图3–17　商标造型的衬底及填色

16.用鼠标右键在图形上单击，弹出该图形的图层情况列表，如图3–18所示。

图3-18　图层情况列表

17.选择图层1造型，单击颜色控制器，使前景色变成白色，点击【编辑】\【描边】，弹出描边面板，参数设置如图3-19所示，对图层1造型进行描边，效果如图3-20所示。

图3-19　描边参数设置

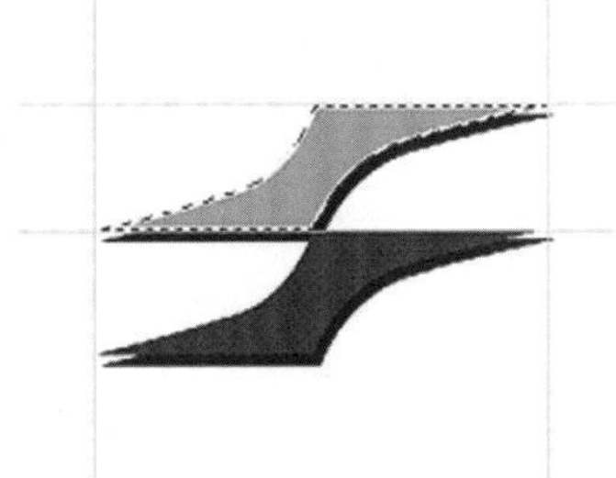

图3-20　描边效果

18.新格英文SINGER缩写“S”的变形商标就形成了，如图3-21所示。

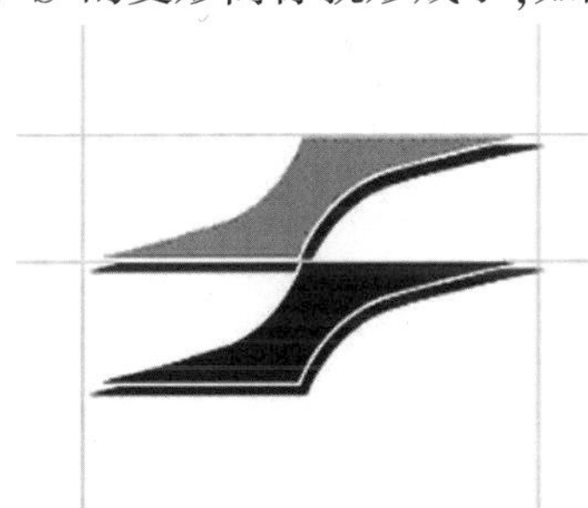

图3-21　“新格”商标效果图

3.3　标准字体设计

从设计层面上看，标准字是泛指将某种事物、团体的形象或全称整理、组合成一个群体性的特殊字体。

标准字是视觉识别系统中基本设计要素之一，因种类繁多，运用广泛，几乎涵盖了视觉识别符号系统中各种应用设计要素，因而其重要必不亚于标志。标准字能将企业的经营理念、规模性质等，通过文字的可读性、说明性等明确化，创造个性独特的字体，从而达到企业识别的目的，塑造独特的企业形象。

由于文字具有明确的说明性，可以直接传达企业的名称与性质，通过视觉、听觉的同步，运动，可以强化企业形象，补充说明图形标志内涵，正因为这样，字体标志应运而生，并得到很快的发展，日益受到人们的重视。

与一般文字相比较，标准字在字体上的最大差别在于除造型外观不同之外，还在于具有特定的配置关系，一般文字的设计出发点着重于字体的均衡组合，可依靠需要进行上下左右的任意组合。标准字则不相同。其设计是根据企业品牌名称、活动的主题与内容而精心设计的。在字体之间的宽幅，策划的配置、线条的粗细、统一的造型要素等方面均进行过周密的规划和精心设计。与一般文字特别不同的是在文字的配置关系上，经过视觉调整的修正，达到了空间的均衡与结构的和谐，肯有独特的美感和造型效果。这是一般方字所不能比拟的。

完整的LOGO设计，尤其是有中国特色的LOGO设计，在国际化的要求下，一般都应考虑至少有中英文双语的形式，要考虑中英文字的比例，搭配、一般要有图案中文、图案英文、图案中英文、及单独的图案、中文、英文的组合形式。有的还要考虑繁体、其他特定语言版本等。另外还要兼顾标识或文字展开后的应用是否美观，这一点对背景等的制作十分必要，有利于追求符号扩张的效果。

1.用【Ctrl】+【N】新建文件，进行如图3-22所示的参数设置。

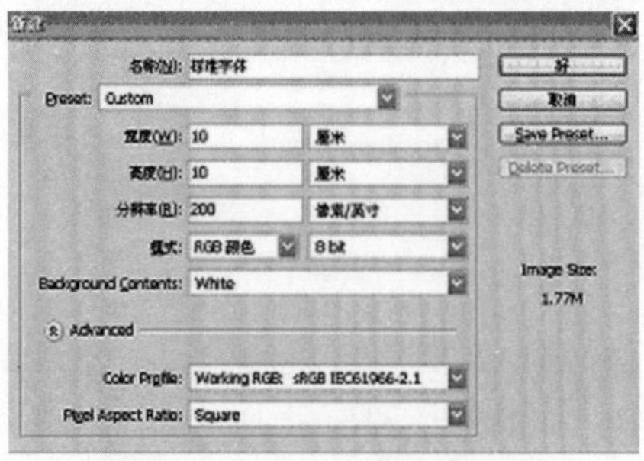

图3-22　新建文件参数设置

2.使用【Ctrl】+【R】显示标尺，用移动工具拖出辅助线如图3-23所示。

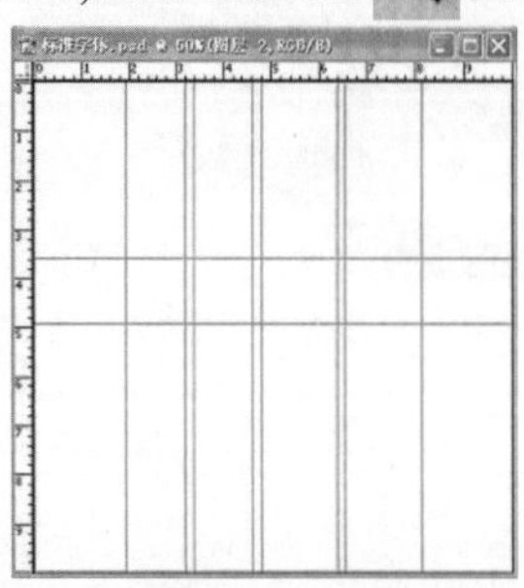

图3-23　辅助线设置

3.选择工具箱的矩形形状工具，在矩形工具选项栏中设置如图3-24所示。

图3-24　矩形选项设置

4.重复矩形形状工具，产生路径如图3-25所示。

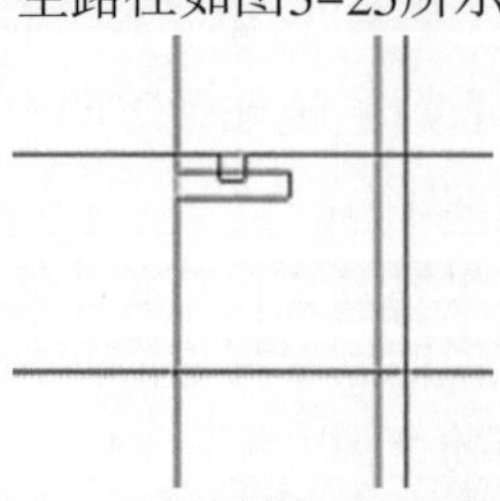

图3-25　矩形形状工具产生路径

5.选择工具箱的移动工具 ，在按下【Shift】键的同时，用鼠标左键同时选择两个矢量矩形，进行组合，如图3-26所示。

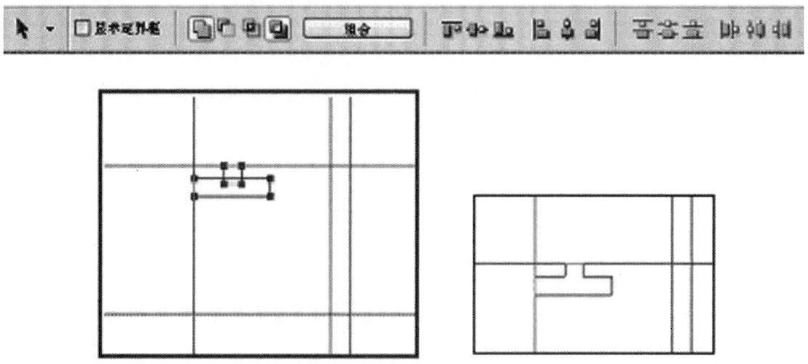

图3-26　两个矢量矩形组合图

6.按照同样的方法组合成“新”的标准字矢量路径图，如图3-27所示。

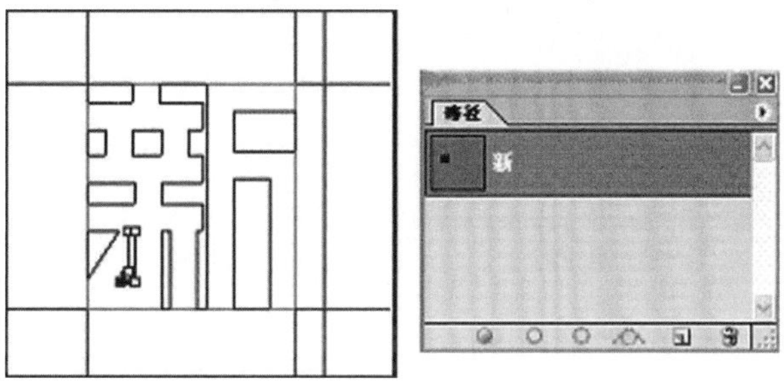

图3-27　“新”的标准字矢量图路径

7.分别用同样的方法组合成“格”“设”“计”的标准字矢量路径图，如图3-28~图3-30所示。

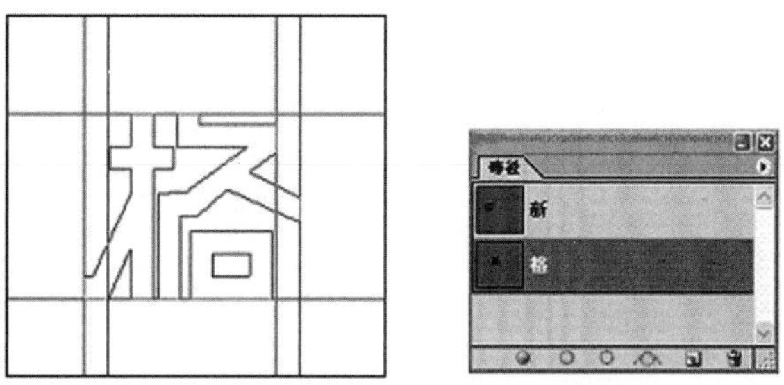

图3-28　“格”的标准字矢量图路径

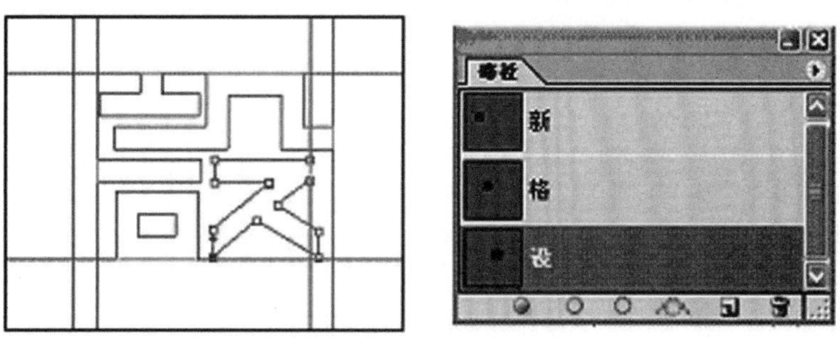

图3-29　“设”的标准字矢量图路径

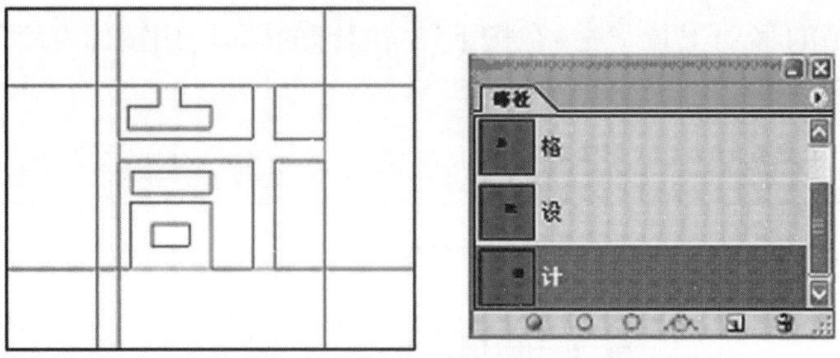

图3-30 “计”的标准字矢量图路径

8.在图层活动面板中单击按钮，创建一个新图层“新格设计”，并分别将“新”“格”“设”“计”路径变成选择区，设置前景色的RGB值为(0，72，144)，按【Alt】+【BackSpace】组合键用前景色填充，如图3-31所示。

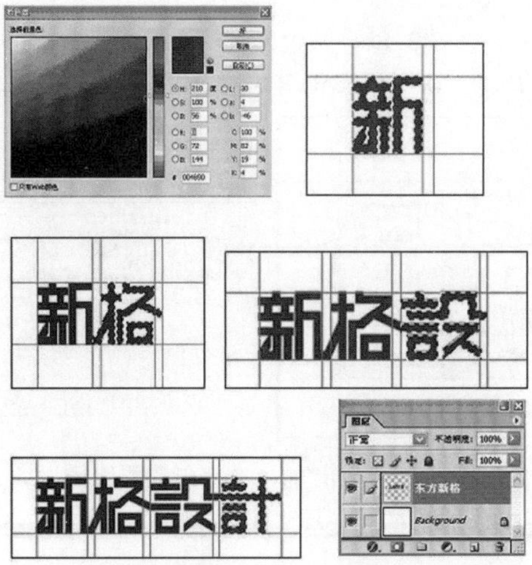

图3-31 分别将“新”“格”“设”“计”路径变成选择区并填色

9.去除部分辅助线后，“新格设计”中文标准字的设计效果如图3-32所示。

图3-32 “新格设计”标准字的设计效果

10.使用【Ctrl】+【R】显示标尺，用移动工具  拖出英文标准字的辅助线区域，并建立“英文”的新图层如图3-33所示。

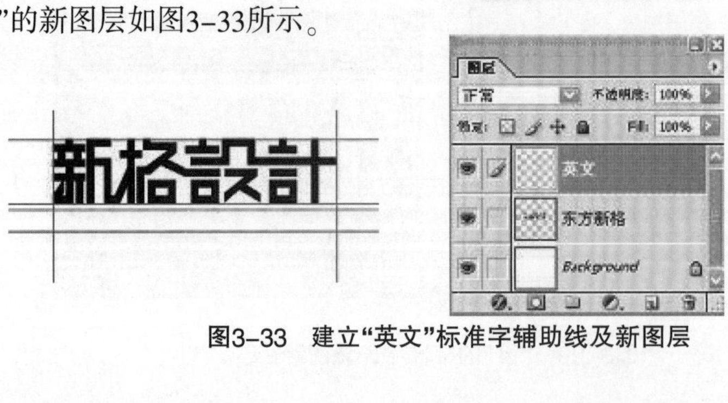

图3-33 建立“英文”标准字辅助线及新图层

11.单击颜色控制器 ，使前景色变成黑色，选择工具箱的 工具，文字工具选项栏中设置各项参数，如图3-34所示。

图3-34 文字工具选项栏

12.在英文标准字的辅助线区域内输入文字"SINGERDESIGN"，选择【编辑】\【变换】\【缩放】，将文字"SINGERDESIGN"缩放充满"英文"标准字辅助线区域，如图3-35所示。

图3-35 缩放文字"SINGERDESIGN"

13.去除辅助线后，"新格设计"中英文标准字的设计效果如图3-36所示。

图3-36 "新格设计"中英文标准字的设计效果

14.选择【图像】\【画布大小】，画布大小面板选项栏中设置各项参数，如图3-37所示。

图3-37 画布大小面板选项栏

15.画布大小改变后的图形如图3-38所示。

图3-38 画布大小改变后的图形

16.打开前面设计的“新格设计”商标图，在图层面板左侧有选择地点击眼睛图标，将图层1副本、图层1、图层1副本3、图层1副本2可见，逐一单击图层前的眼睛图标将背景层隐藏，然后执行图层面板菜单的“合并可见层”命令合并可见图层，使“新格设计”商标位于透明的图层1副本上，便于商标图形以后调用，如图3–39所示。

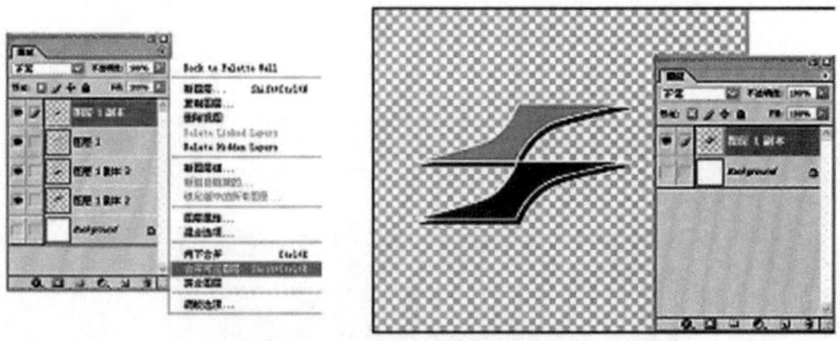

图3–39　合并可见图层

17.选择工具箱的移动工具 ，将“新格设计”商标窗口的商标图形拖入到标准文字窗口，自动产生一个图层，选择【编辑】\【变换】\【缩放】，将商标图形缩放至合适大小，如图3–40所示。

图3–40　合并商标图形和标准文字

18.选择工具箱的移动工具 ，在按下【Shift】键的同时，用鼠标左键同时选择商标图形“图层1副本”和标准文字“新格设计”两个图层，用水平居中进行对齐，如图3–41所示。

图3–41　商标图形和标准文对齐

19.商标图形和标准文组合效果如图3–42所示。

图3–42　商标图形和标准文组合效果

20.在“背景”层上，新建“网格”名的图层如图3–43所示；设置前景色的RGB值为(204，204，204)的10%灰色如图3–44所示；在“网格”名的图层上用工具箱的矩形框选工具框选矩形，用工具箱的铅笔工具，铅笔工具栏设置参数如图3–45所示；沿框选矩形画两条直线，并用【编辑】\【定义图案】，定义名为“网格”的图案，如图3–46所示。

图3–43　新建图层

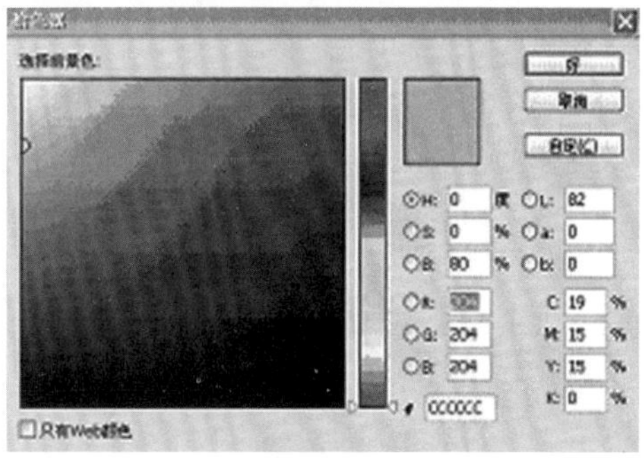

图3–44　新建图层设置前景色

图3–45　铅笔工具栏设置参数

图3–46　定义名为“网格”的图案

21.在名为“网格”的图层上，使用矩形框选工具框选合适矩形，打开【编辑】\【填充】面板，设置参数如图3–47(a)所示。

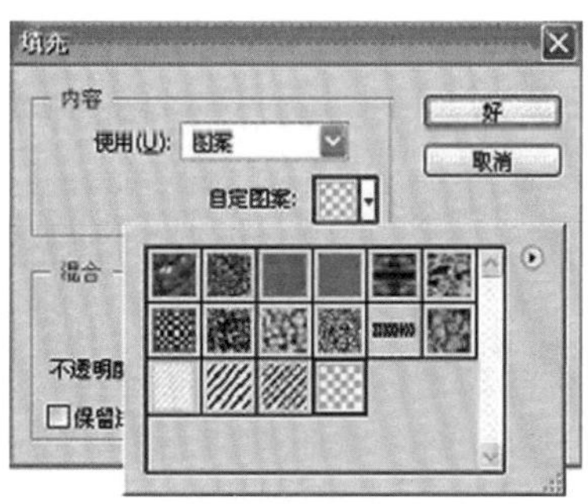

图3–47(a)　填充面板参数设置

22.填充网格图案后的效果如图3–47(b)所示。

图3–47(b)　填充网格图案后的效果

23.点击标志图形及标准文字图层，打开【图层】\【图层式样】面板，给标志图形及标准文字设计阴影效果，设置参数如图3-48(a)所示；阴影效果如图3-48(b)所示。

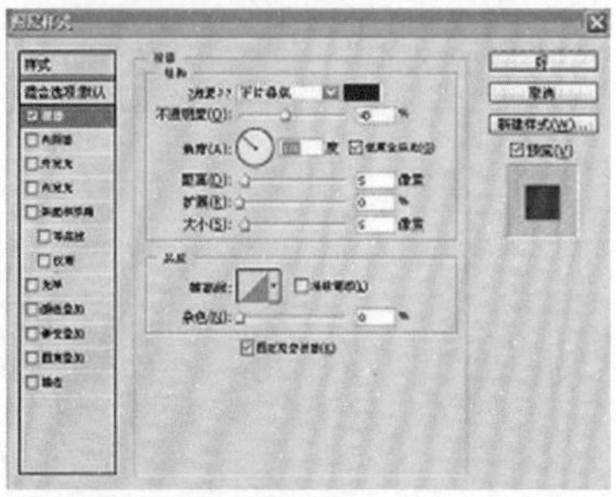

图3-48(a) 图层样式参数设置

图3-48(b) 阴影效果

3.4 手提袋设计

手提袋设计是企业识别系统CIS的一个部分。手提袋可以说是都市流动的风景线，是企业形象与商品广告策略的延伸，所以制作手提袋，必需讲究环保美观、精致耐用。

手提袋的设计规范制造原则：纸袋边内折一律60mm，用以强化手把固著力。

制袋规格：纸袋长度180~350mm，纸袋宽度60~160mm，纸袋高度270~450mm，提把选择纸绳或棉绳。

1.运行Photoshop CS，用【Ctrl】+【N】新建文件，进行如图3-49所示的设置。

图3-49 新建文件

2.新建“图层1”，使用【Ctrl】+【R】显示标尺，用移动工具拖出辅助线如图3-50所示。

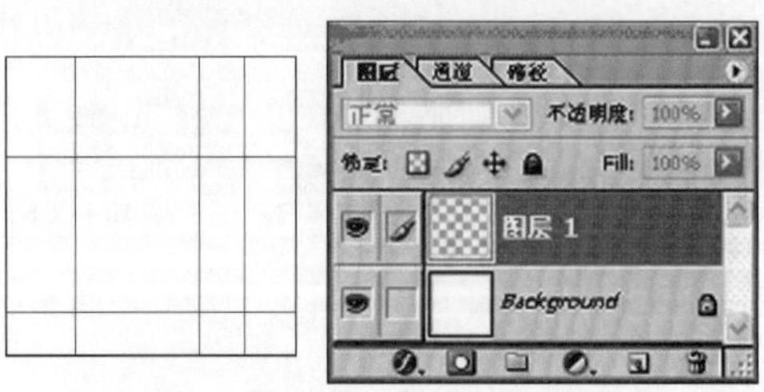

图3-50 新建图层，拖出辅助线

3. 分别设置前景色的RGB值为 (200,230,82),RGB值为 (126,162,224),RGB值为(246,187,7),如图3-51所示。

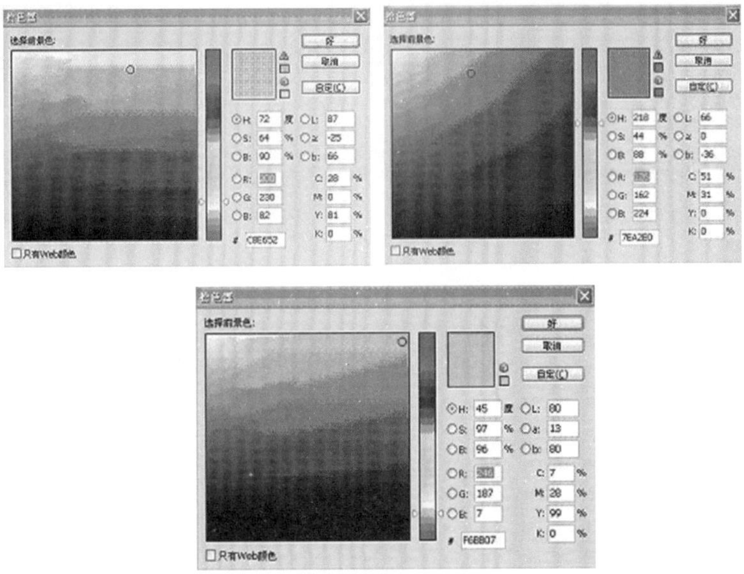

图3-51　设置前景色

4.用矩形选框工具选择矩形,按【Alt】+【BackSpace】组合键用前景色填充,效果如图3-52所示。

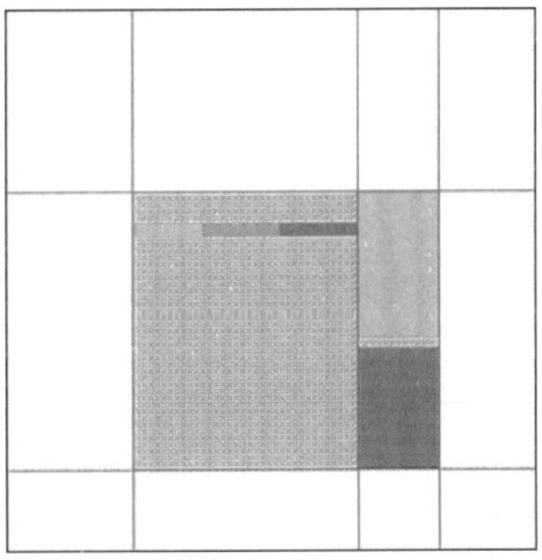

图3-52　前景色填充

5.打开“新格设计”组合标志如图3-53所示。

图3-53　“新格设计”组合标志

6.使用移动工具 将“新格设计”组合标志拖至“手提袋设计”窗口,并用【编辑】\【变换】\【缩放】至一定大小,放至如图3-54所示位置。

图3-54 “新格设计”组合标志位置

7.设置前景色为黑色，在如图3-55所示位置输入英文字母“SINGERDESIGN”，并调整至合适大小。

图3-55 输入英文字母“SINGERDESIGN”

8.单独输入英文字母S、I、N、G、E、R、D、E、S、I、G、N并调整其大小、位置、颜色，组成一个由英文字母“SINGERDESIGN”组成的文字图形，如图3-56所示。

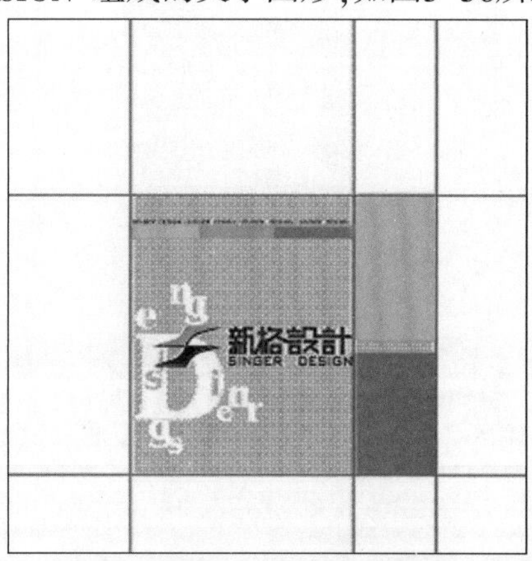

图3-56 输入“SINGERDESIGN”组成的文字图形

9.点击“图层1”，使“图层1”变成当前层，用矩形选框工具选择“手提袋”的侧面部分，执行【编辑】\【变换】\【缩放】及【编辑】\【变换】\【斜切】至如图3-57所示位置。

图3-57 “手提袋”的侧面部分缩放、斜切

10.新建“图层2”，设置前景色为RGB(137，137，137)的深灰色，如图3-58所示。值得注意的是“图层2”放在“图层1”的下面。

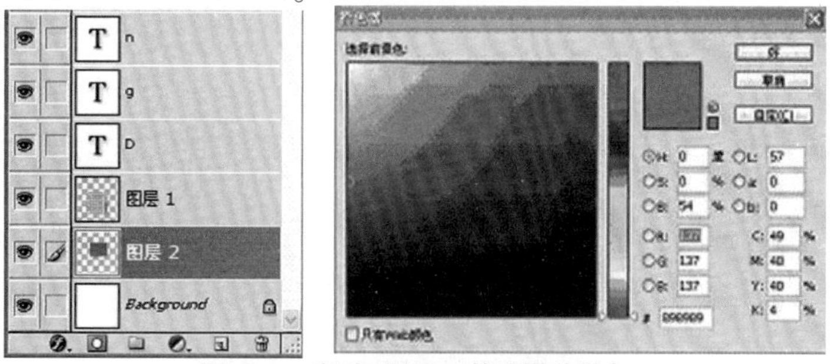

图3-58 新建“图层2”并设置前景色

11.用矩形选框工具在如图3-59所示拉出矩形，并填充前景色，完成“手提袋”的后内侧部分的填色。

图3-59 “手提袋”后内侧部分的填色

12.新建“图层3”，使用相同的办法完成“手提袋”的左内侧部分的填色，如图3-60所示。

图3-60 “手提袋”左内侧部分的填色

13.新建“图层4”,使用【椭圆选框工具】为手提袋制作4个穿绳用的圆眼,如图3-61所示。

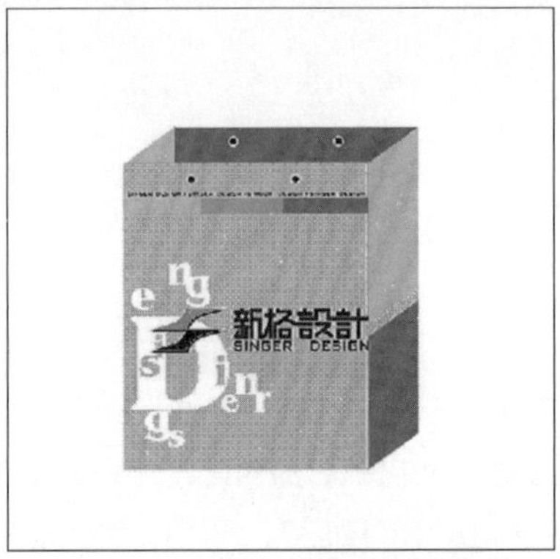

图3-61　制作4个穿绳用的圆眼

14.新建“图层5”,使用【椭圆选框工具】、【编辑】\【描边工具】、【编辑】\【剪切】为手提袋制作提手,如图3-62所示。

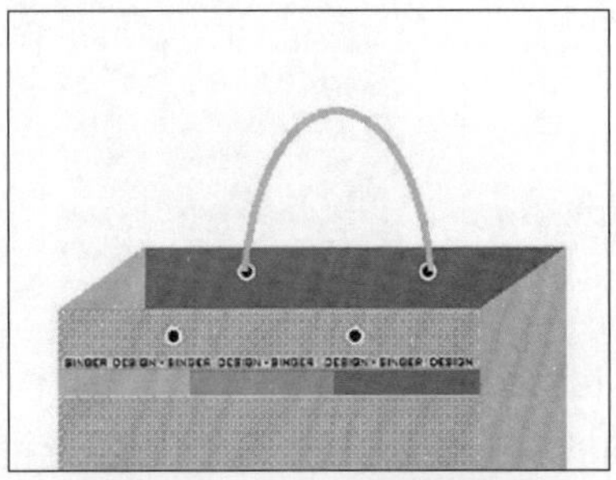

图3-62　制作手提袋提手

15.将“图层5”执行【图层样式】命令,设置斜面和浮雕的参数如图3-63所示。

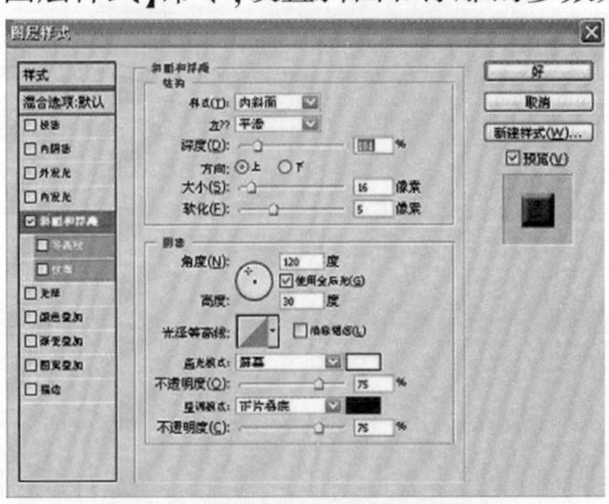

图3-63　设置斜面和浮雕的参数

16.完成手提袋提手的“立体”效果,如图3-64所示。

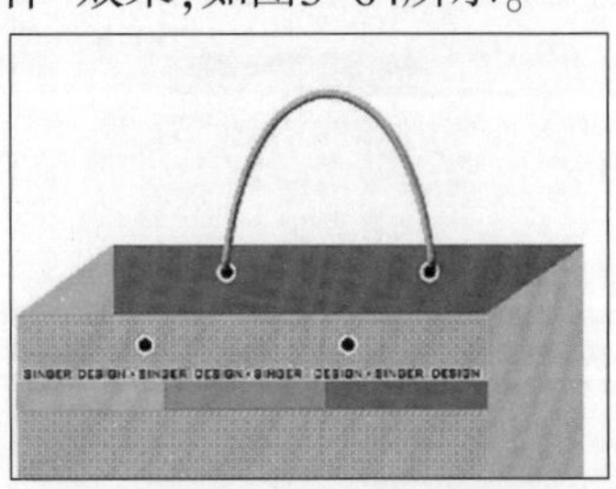

图3-64　手提袋提手的“立体”效果

17.复制手提袋提手，并放置如图3–65所示位置。

图3–65　复制手提袋提手

18.新建“图层6”，并把该图层拖至“背景层”的上面，使用【椭圆选框工具】填充深灰色，并执行【滤镜】\【模糊】\【高斯模糊】命令，完成手提袋的投影制作如图3–66所示。

图3–66　手提袋的投影制作

19.点击“背景层”，设置前景色RGB值为(126，162，224)，使用【渐变工具】为手提袋制作一个由天蓝色至白色的渐变背景，完成效果如图3–67所示。

图3–67　为手提袋制作渐变背景

练习与思考

1.简述CIS的定义及其特点。

2.按照本章所讲方法,完成某一品牌服装“商标及标准字”的设计。

3.完成某一品牌服装的手提袋设计。

第4章　服饰图案设计应用实例

4.1　相关知识介绍

4.1.1　服饰图案的概念

服饰图案是服饰艺术设计的重要基础，所涉及的面很广，有面料图案设计、服装印花图案设计、装饰品图案设计等。服饰图案广义指是指适用于服饰的装饰图形。图案在服装中，主要是装饰作用，是对服装款式、色彩、材质等美感的补充，图案的纹样、组织、色彩必须与具体的服装相适应，即与具体服装的款式、色彩、材料相适应。

4.1.2　服饰图案的类别

1.从装饰图案的取材来看，分为植物图案、动物图案、几何图案、人物图案、风景图案、抽象图案。

2.从装饰图案的组织形式来看，分为单独纹样、适合纹样、边式纹样、二方连续、四方连续、角隅纹样和吉祥图案。

■适合纹样设计是指将一种纹样适当地组织在某一特定的形状(如三角形、多角形、圆形、方形、菱形等)范围之内，使之适合于某种装饰的要求。

■边饰纹样亦称“边缘纹样”。民间又叫“花边”。装饰于器物边缘的纹样。在服装上、书籍封面上、商品包装上，常用这种装饰。

■单独纹样与四周无联系、独立、完整的纹样。是图案组织的基本单位。

■角花亦称“角隅纹样”。装饰在器物一角或对角、四角的图案纹样。如枕套、围裙、床单、台布、镜框的边角装饰。

■二方连续亦称“带状图案”。图案画中的一种组织方法。是一个纹样单位能向左右连续可上下连续成一条带子一般的图案。排列连续的方法很多，如均齐的排列、平衡的排列或混合式等。应用面很广，通常的花边均用这种组织法。

■四方连是图案画中的一种组织方法。是一个纹样单位能向四周重复地连续和延伸扩展的图案。又可分梯形连续、菱形连续、四切(方形)连续等格式。印花布、壁纸的图案多用这种组织法。

■吉祥图案是传统装饰纹样的一种。通过某种自然像的寓意、谐音或附加文字等形式来表达人们的愿望、理想的图案。主要流行在民间。如以喜鹊、梅花代表“喜上眉梢”，以莲花、鲤鱼代表“年年有余”等。

4.2　适合纹样设计应用举例

1.运行Photoshop CS，用【Ctrl】+【N】新建文件，进行如图4-1所示的设置。

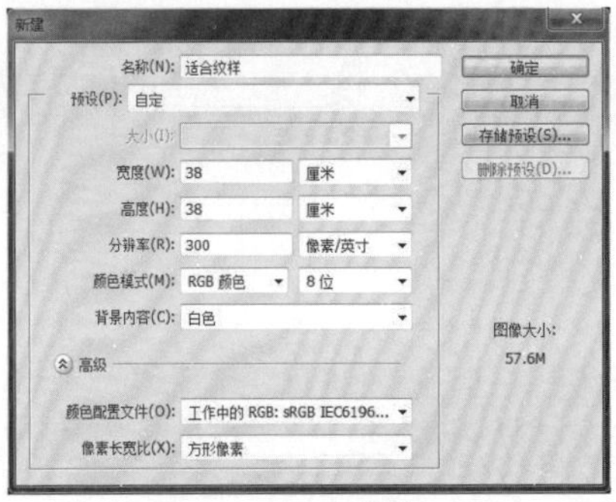

图4-1　新建文件

2.新建图层，使用【Ctrl】+【R】组合键显示标尺，用移动工具拖出水平中心和垂直中心的辅助线，以两条辅助线的交点为中心，使用工具箱的矩形工具，按【Alt】+【Shift】组合键，从中心点位置拉出正方形，在使用前景色RGB (231,202,198) 填色后，按【Ctrl】+【T】，中心点不变，将填色正方形旋转45°，如图4-2所示。

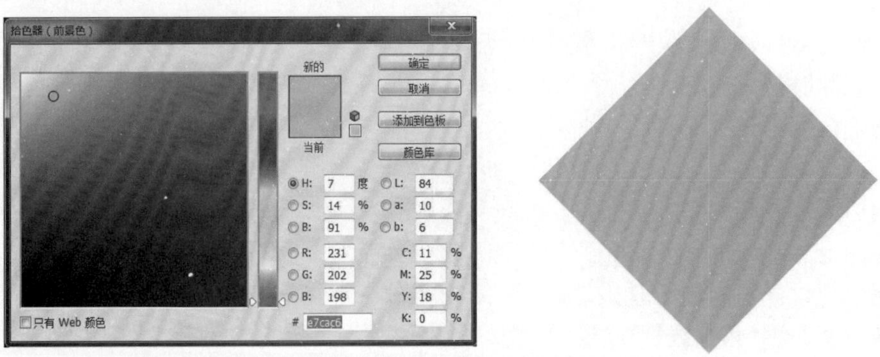

图4-2　将填色正方形旋转45°

3.复制当前图层，选择复制的图层，按【Ctrl】+【T】，中心点不变，按【Alt】+【Shift】组合键，将复制后的正方形进行同心缩放，并分别设置前景色的RGB值 (181,94,86)、RGB值 (240,236,149)、RGB值 (128,134,146)、RGB值 (193,196,203)、RGB值 (240,155,160)、白色，进行正方形填色，如图4-3所示。

4.新建图层，在辅助线交点，使用工具箱的圆形工具，按【Alt】+【Shift】组合键拉出正圆形，并分别设置前景色的RGB值 (231,215,202)、RGB值 (231,117,91)、RGB值 (182,221,200)进行正圆形填色，如图4-4所示。

图4-3　正方形进行同心缩放、填色

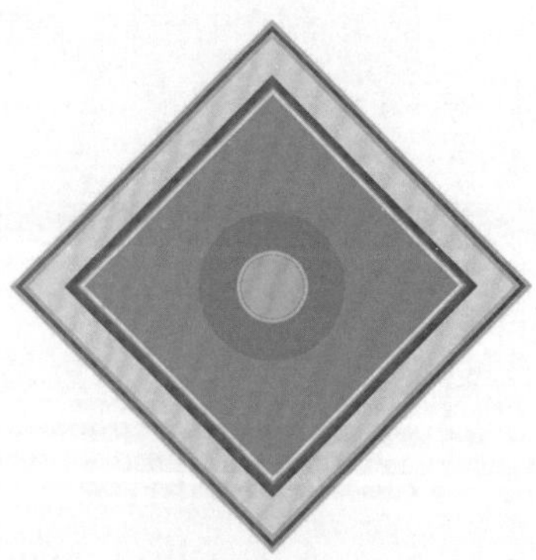

图4-4　正圆形进行同心缩放、填色

5.选择工具箱钢笔工具，在中心同心圆的左下侧画出如图4–5所示“花瓣1”路径1的图形。

6.选中路径1，将路径1变成选择区，羽化值为0，新建图层，用白色对选择区进行填色，如图4–6所示。

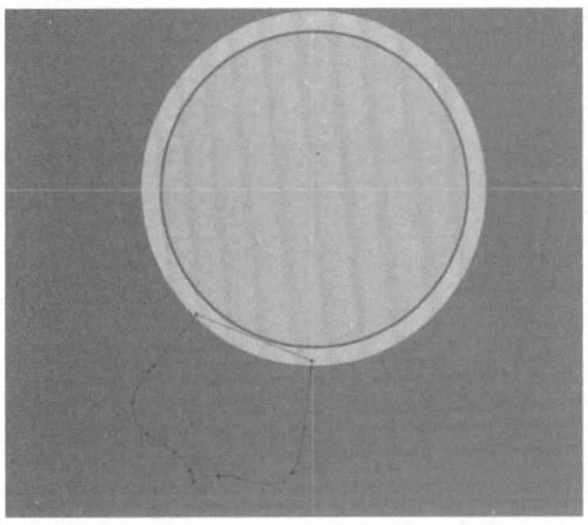

图4–5　画出“花瓣1”路径1的图形

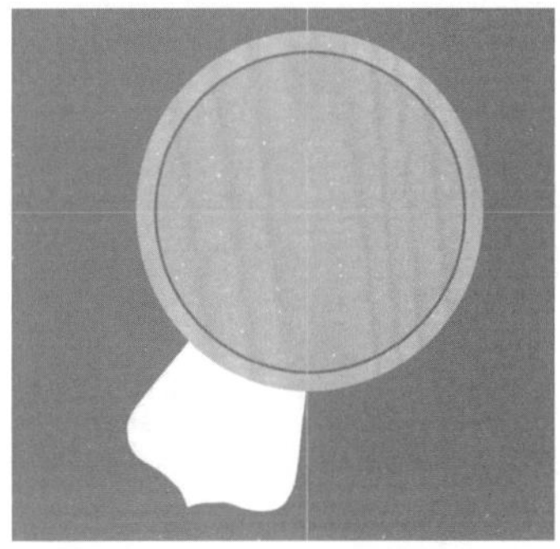

图4–6　路径填色效果

7.将中心圆所在图层隐藏，复制“花瓣1”图层，先按【Ctrl】+【T】出现缩放选择框，再按【Alt】+【Shift】组合键将复制后的“花瓣1”进行等比例缩放后，用前景色的RGB值为(213，217，184)进行填充，并进行【滤镜】/【模糊】/【高斯模糊】半径为1.4的模糊处理，效果如图4–7所示。

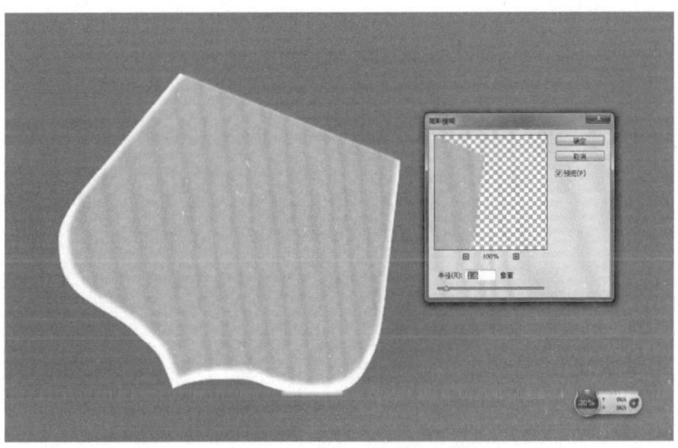

图4–7　高斯模糊图层

8.同样方法分别复制“花瓣1”图层，缩放“花瓣1”，在不同的图层，分别用前景色的RGB值 (199，206，216)及白色进行填充，将白色填充图层进行【滤镜】/【模糊】/【高斯模糊】半径为2.2的模糊处理，效果如图4–8所示。

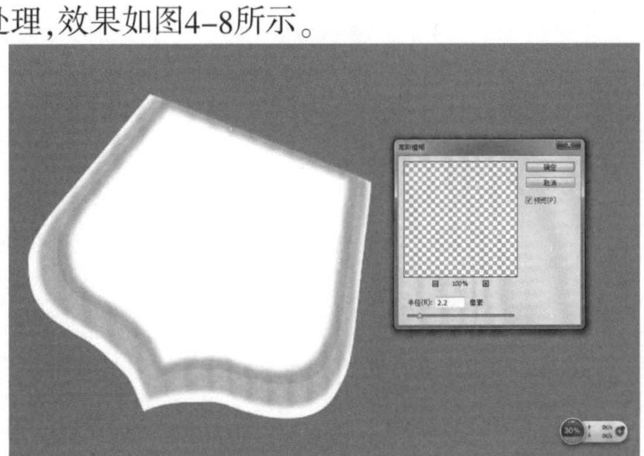

图4–8　高斯模糊图层

9.再分别复制“花瓣1”图层，缩放“花瓣1”，在不同的图层，分别用前景色的RGB值(209,159,148)及RGB值(191,108,68)进行填充，效果如图4-9所示，选择工具箱钢笔工具，画出如图4-9所示路径2的图形。

10.选中路径2，将路径2变成选区，设置羽化值为0，将路径2的图形用前景色RGB值(95,38,29)为选择区进行填色；复制路径2的图形图层，并进行缩放，用前景色RGB值(175,194,162)为选择区进行填色，效果如图4-10所示。

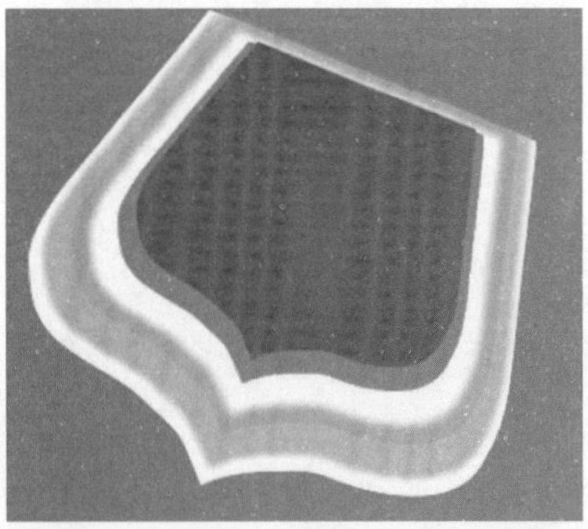

图4-9　钢笔工具画出路径2的图形

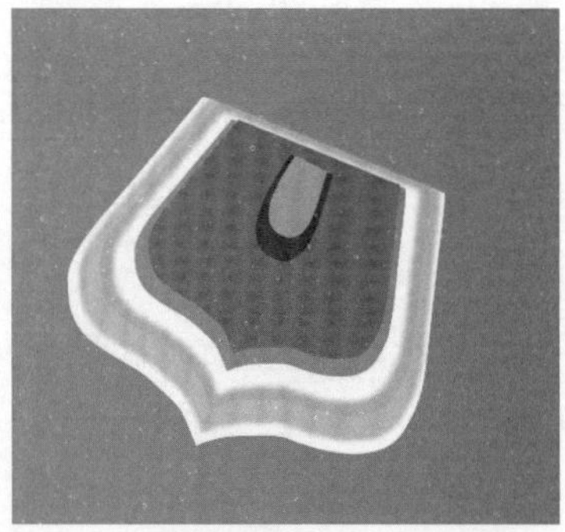

图4-10　画出路径2的图形及进行填色

11.将图4-10的图形所在图层进行“可见图层”合并，复制该图层，按【Ctrl】+【T】后将“花瓣1”进行水平翻转，并进行【图像】/【调整】/【色相】/【饱和度】调整，参数设置如图4-11所示，取消中心圆所在图层的隐藏。

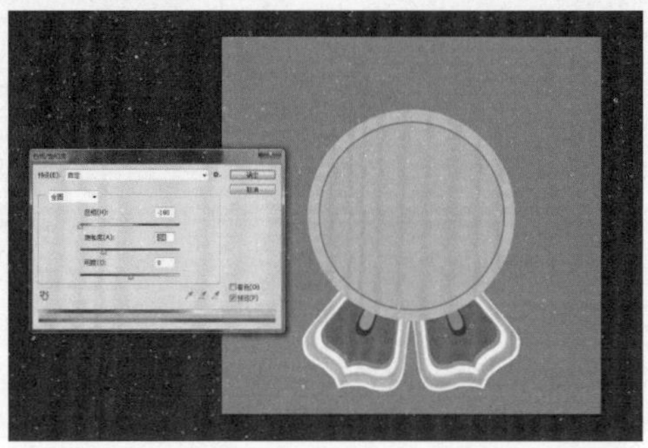

图4-11　复制“花瓣”并进行色彩饱和度调整

12.选中水平翻转后的蓝色“花瓣1”图形所在图层，按【Ctrl】+【T】，改变图层的旋转点，将中心点拖至中心圆圆心位置，并将旋转角度设为90°，图形按设好的角度旋转好后，按回车键，接下来按Ctrl+Shift+Alt+T组合键进行旋转复制，自动产生旋转图形的新图层，如此重复按Ctrl+Shift+Alt+T组合键直至形成一圈，达到想要的效果即可，如图4-12所示。

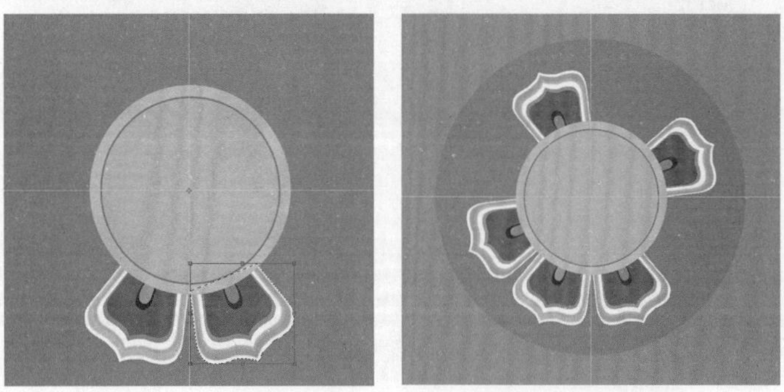

图4-12　设置兰色“花瓣1”的旋转复制中心及角度

13.选中黄色“花瓣1”的图形所在图层，重复上述旋转复制，局部效果如图4–13所示。

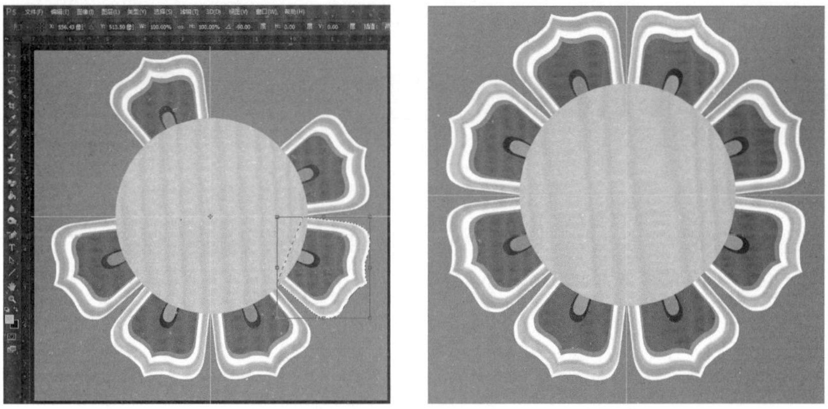

图4–13 旋转复制黄色“花瓣1”的局部效果

14.重复旋转复制“花瓣1”的整体效果，如图4–14所示。

15.选择工具箱钢笔工具 ，在中心同心圆的左外侧画出如图4–15所示“花瓣2”路径的图形。

图4–14 整体效果

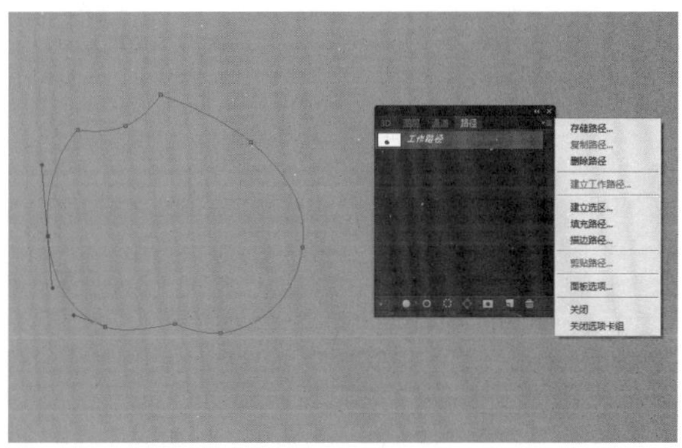

图4–15 钢笔工具创建“花瓣2”路径

16.选中“花瓣2”路径，将路径变成选择区，设置羽化值为0，新建图层，用前景色RGB值 (211，218，224)的浅灰色，为选区进行填色；复制图层，将“花瓣2”的浅灰色图形进行缩放，并将浅灰色图形填充为白色，如图4–16所示。

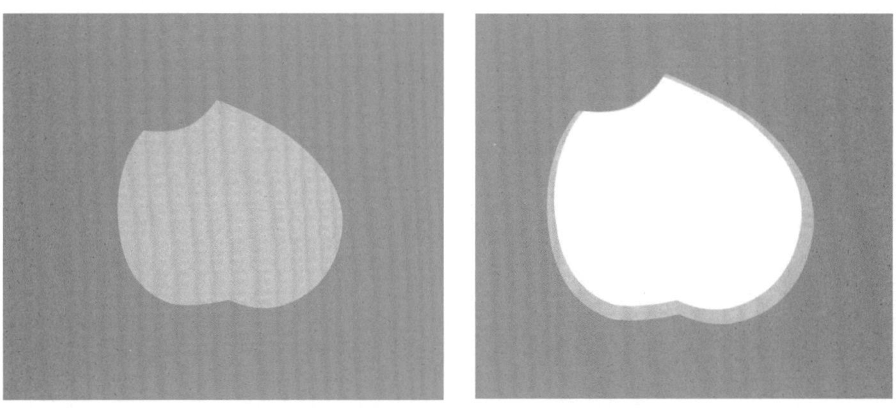

图4–16 “花瓣2”路径的浅灰色、白色填充

17.分别复制白色“花瓣2”图层，按【Alt】+【Shift】组合键，缩放白色“花瓣2”，用前景色RGB值 (155，177，194)的中灰色、RGB值 (109，142，161)的深灰色进行填充，效果如图4-17所示。

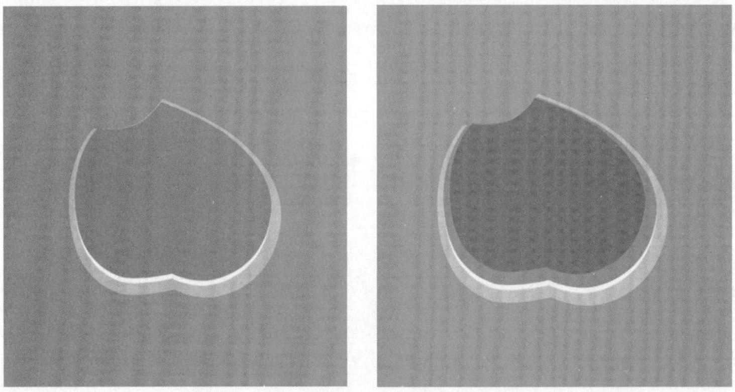

图4-17 “花瓣2”路径的中灰色、深灰色填充

18.将图4-17所在“花瓣2”图形的图层进行“可见图层”合并，复制该图层，按【Ctrl】+【T】进行旋转，并移动到如图4-18所示位置；重复上述复制、旋转、移动，效果如图4-18所示。

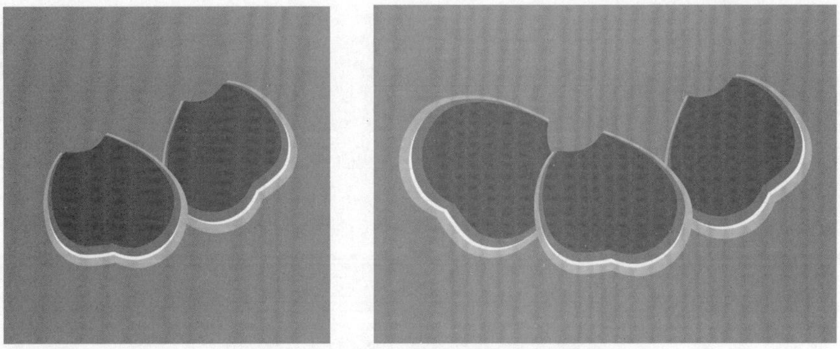

图4-18 复制、旋转、移动“花瓣2”图形

19.反复复制“花瓣2” 图形的图层，并进行相应的旋转、移动，直到组成如图4-19所示的整体效果。

20.在图4-19 “花瓣2”图形的中间位置，分别创建大小不同的椭圆，并进行不同色彩的填充，用工具箱钢笔工具 创建“花蕊”的图形并完成色彩的填充，效果如图4-20所示。

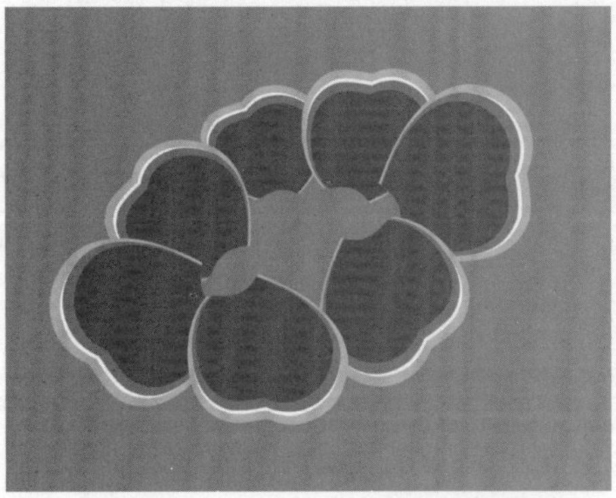

图4-19 “花瓣2” 图形的整体效果

图4-20 创建的“花蕊”的图形及完成色彩的填充

21.复制图4-20创建的“花蕊”的图形及色彩填充，在“花蕊”的图形左侧使用钢笔工具创建“花梗”图形并进行色彩填充，效果如图4-21所示。

22.使用钢笔工具创建“叶子”的图形并进行色彩填充，反复复制图层，进行图形的缩放、色彩填充，效果如图4-22所示。

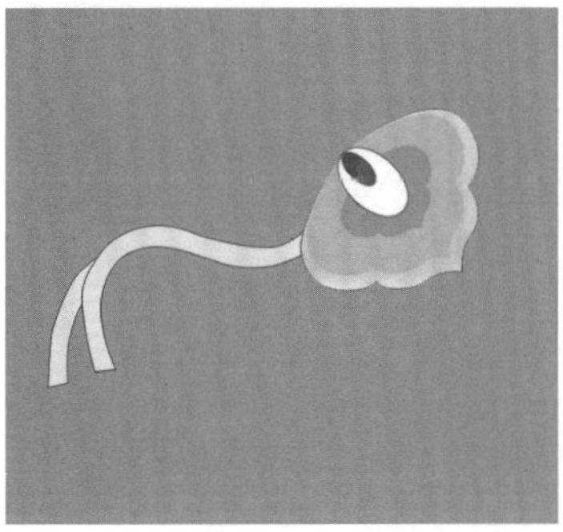

图4-21 创建的“花梗”图形并进行色彩填充

图4-22 创建的“叶子”的图形并进行色彩填充

23.将图4-20创建的“花蕊”的图形、图-21创建的“花梗”图形、图4-22创建的“叶子”的图形进行移动组合成如图4-23所示的整体效果。

24.“花瓣2”在整个图案画面中的位置，效果如图4-24所示。

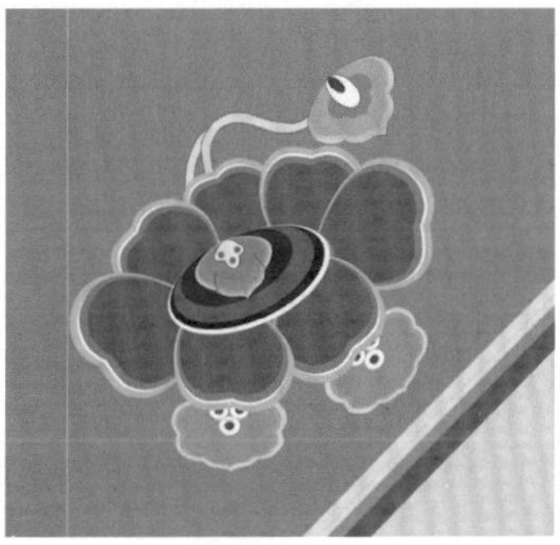

图4-23 “花瓣2”的整体组合效果

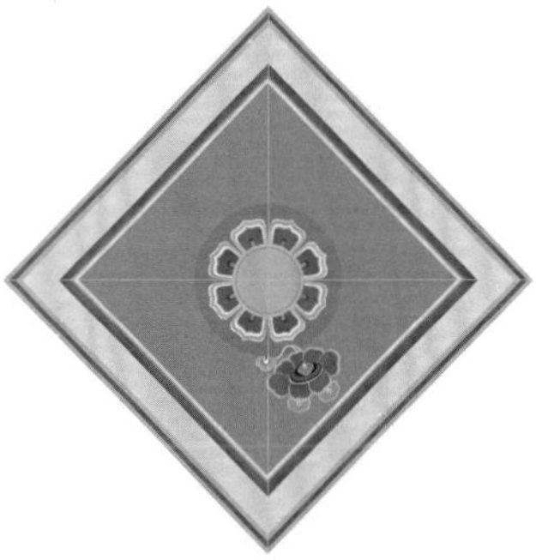

图4-24 “花瓣2”在整个图案画面中的位置

25.将图4-23创建的“花瓣2”的组合图形所在图层，进行“可见图层”合并，按【Ctrl】+【T】，改变图层的旋转点，将中心点拖至中心圆圆心位置，并将旋转角度设为45°，如图4-25所示。

26.图形按设好的角度旋转好后，按回车键，按Ctrl+Shift+Alt+T组合键进行旋转复制，自动产生旋转图形的新图层，如图4-26所示。

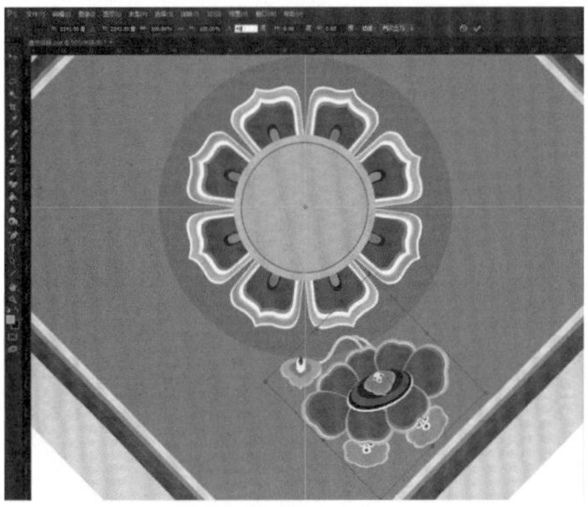

图4-25 将旋转中心点拖至中心圆圆心位置

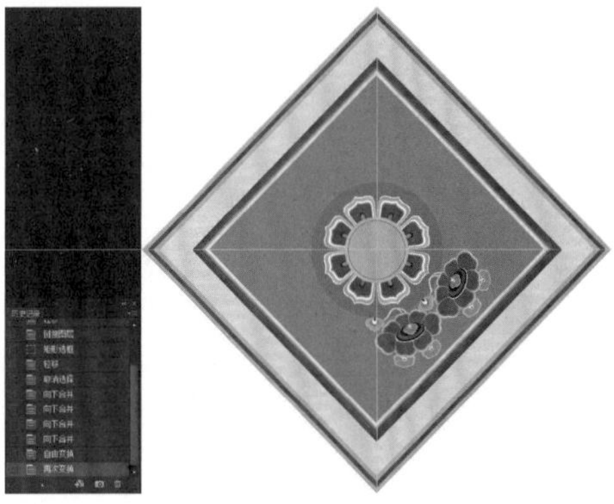

图4-26 旋转复制45°的效果

27.继续按Ctrl+Shift+Alt+T组合键进行旋转复制，直到旋转复制成如图4-27所示的效果。

28.复制图4-22创建的“叶子”的图形，使用钢笔工具，在“叶子”的图形的基础上，加上“叶茎”的效果如图4-28所示。

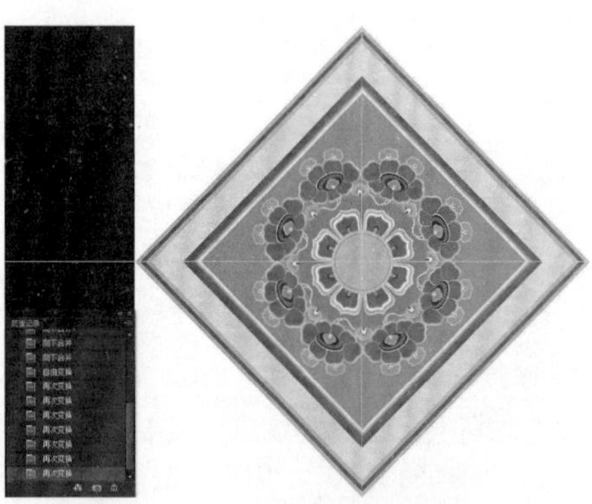

图4-27　反复旋转复制的效果

图4-28　在“叶子”的图形的基础上加上“叶茎”

29.将图4-28“叶子”+“叶茎”的图形移动至如图4-29所示的位置。

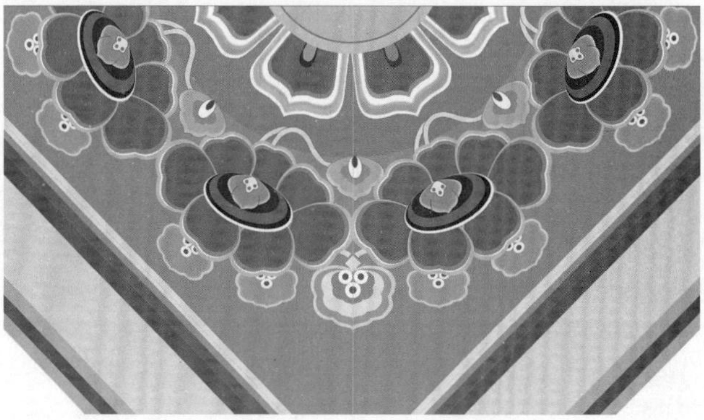

图4-29　“叶子”+“叶茎”的图形使在的位置

30.将图4-28所在图层进行“可见图层”合并，按【Ctrl】+【T】，改变图层的旋转点，将中心点拖至中心圆圆心位置，并将旋转角度设为90°，反复旋转复制后的效果如图4-30所示。

31.将图4-13 “花瓣1”进行缩放，使用“套索工具”将“花瓣1”图形“修剪”成 “角纹”，并进行旋转复制，效果如图4-31所示。

图4-30 反复旋转复制“叶子”+“叶茎”的图形

图4-31　“角纹”的“修剪”、旋转复制

32.选择工具箱钢笔工具  ,在图案的空白位置画出如图4–31所示“太阳花”的“花瓣3” 路径的图形，将路径变成选择区，设置羽化值为0，新建图层，用前景色RGB值(211,218,224)的浅灰色,为选区进行填色;分别复制“花瓣3”图层,按【Alt】+【Shift】组合键,缩放“花瓣3”,用前景色RGB值 (155,177,194)的中灰色、RGB值 (109,142,161)的深灰色进行填充,效果如图4–32所示。

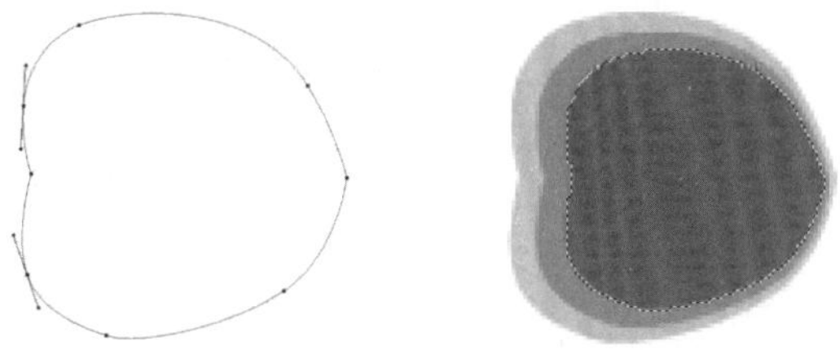

图4–32 “太阳花”的“花瓣3”路径的图形及色彩填充

33.将图4–31创建的“太阳花”的“花瓣3”的组合图形所在图层,进行“可见图层”合并,按【Ctrl】+【T】,改变图层的旋转点,将中心点拖至中心圆圆心位置,并将旋转角度设为60°,旋转复制后的效果如图4–33所示;在中心点位置拖出“径向渐变”的正圆,完成“太阳花”的绘制。

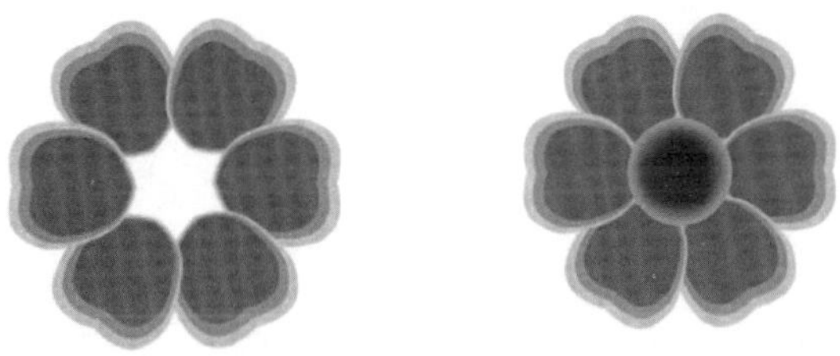

图4–33 “太阳花”的绘制

34.将完成的“太阳花” 所在图层进行“可见图层”合并,分别进行复制,对每个“太阳花”进行【图像】/【调整】/【色相】/【饱和度】调整,得到不同饱和度的“太阳花”,效果如图4–34所示。

35.新建图层,在图4–35所示位置,分别复制不同色彩饱和度的“太阳花”,并放至相应的位置。

图4–34 “太阳花”的不同色彩饱和度调整

图4–35 分别复制不同色彩饱和度的“太阳花”

36.隐藏除“太阳花”以外的所有图层，如图4-36所示。

37.使用“套索工具”将“太阳花”图形，进行正方形内部的“修剪”，效果如图4-36所示。

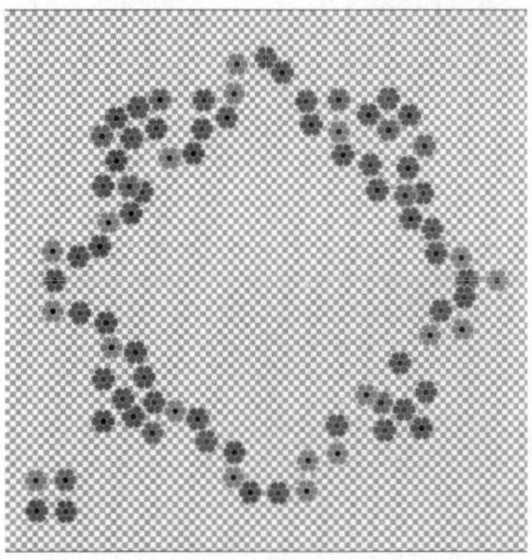

图4-36　隐藏除“太阳花”以外的所有图层

图4-37　“太阳花”在正方形内部的“修剪”

38.继续使用“套索工具”将“太阳花”图形，进行正方形外部的“修剪”，效果如图4-38所示。

39.隐藏左下方不同饱和度的单元“太阳花”的所在图层，这样一个正方形适合纹样就制作完成了，完成效果如图4-39所示。

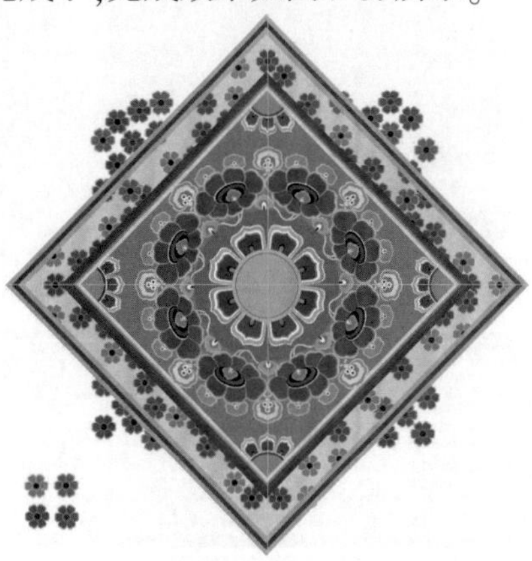

图4-38　“太阳花”在正方形外部的“修剪”

图4-39　正方形适合纹样

4.3　连续纹样设计应用举例

1.运行Photoshop CS，用【Ctrl】+【N】新建文件，进行如图4-40所示的设置。

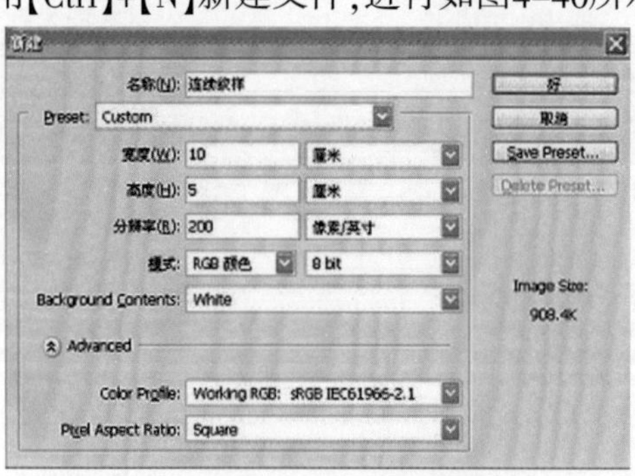

图4-40　新建文件

2.选择工具箱钢笔工具 ，画出如图4–41所示路径1、图4–42所示路径2的图形。

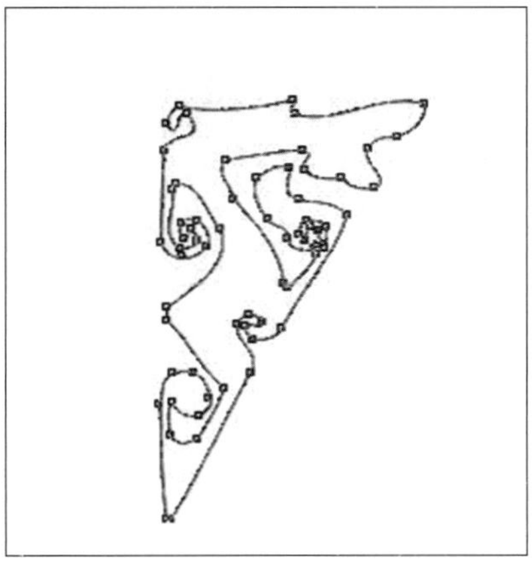

图4–41　所示路径1

图4–42　所示路径2

3.用同样方法画出如图4–43所示路径3、图4–44所示路径4的图形。

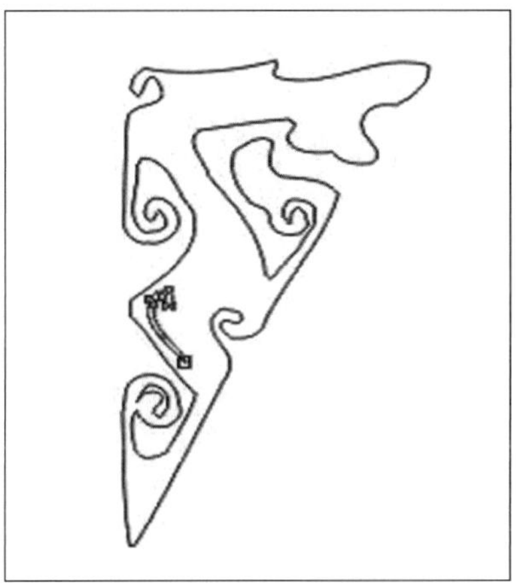

图4–43　所示路径3

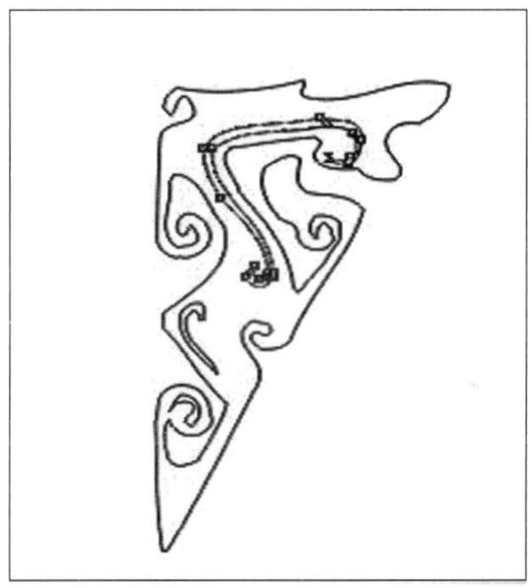

图4–44　所示路径4

4.完成的单独纹样如图4–45所示。

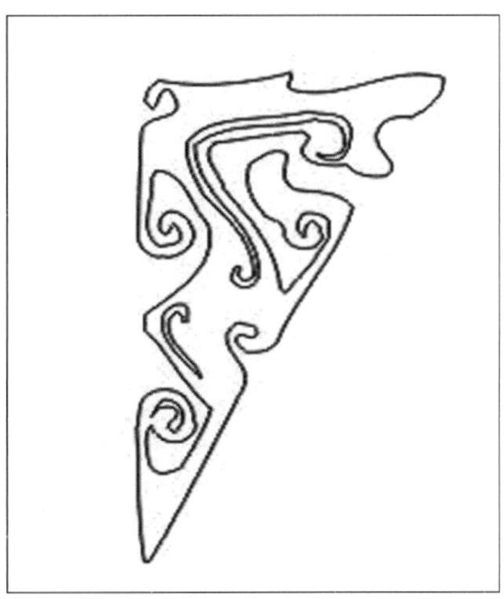

图4–45　单独纹样

5.设置前景色的RGB值为(243，151，71)，并新建名为“纹样”的图层如图4–46所示。

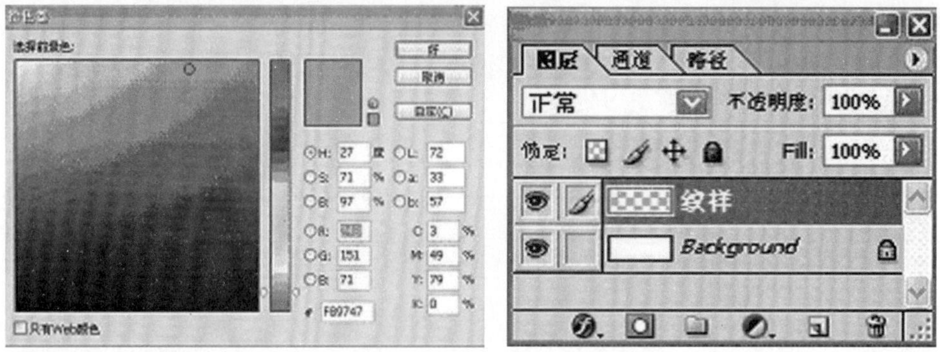

图4–46　设置前景色并新建图层

6.将路径1、将路径2、将路径3、将路径4变为选择区，在“纹样”的图层上将选择区填充为前景色，复制图形，并执行【编辑】\【变换】\【水平翻转】命令，完成对称的纹样，如图4–47所示。

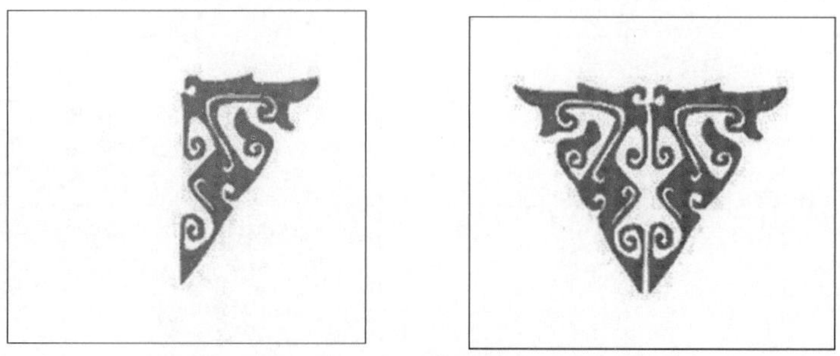

图4–47　填充前景色、复制图形、水平翻转

7.将对称纹样进行复制，并执行【编辑】\【变换】\【垂直翻转】命令，完成纹样，如图4–48所示。

图4–48　复制并垂直翻转纹样

8.重复上述办法，完成连续纹样，如图4–49所示。

图4–49　连续纹样

9.设置前景色的RGB值为(183,140,100),参数设置如图4-50所示。

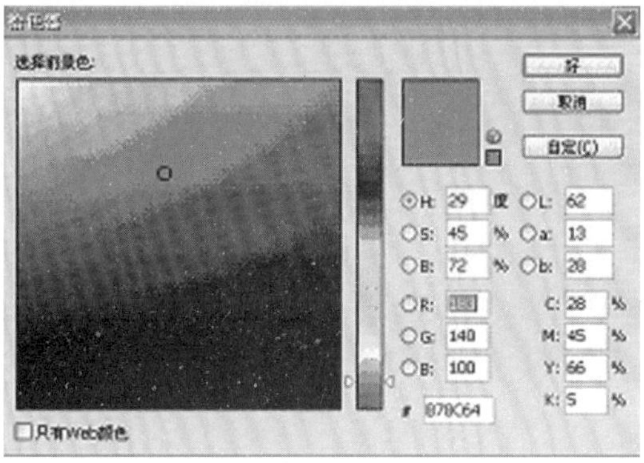

图4-50 设置前景色

10.将前景色给“背景层”填色,这样“连续纹样”的制作就已完成,效果如图4-51所示。

图4-51 背景层填色效果

11.分别改变“纹样”层及“背景层”的颜色填充,完成不同色彩配色的连续纹样,效果如图4-52所示。

图4-52 不同色彩配色的连续纹样效果

练习与思考

1.举例说明服饰图案的类别。

2.设计并绘制一幅圆形适合纹样。

3.设计并绘制一幅连续纹样。

第5章　服装面料设计应用实例

5.1　相关知识介绍

5.1.1　纺织面料的分类

用于服装的纺织面料可分为三大类：梭织（机织）面料、针织面料与非织造物。前两种是由纱线或长丝经过织造工艺织成的，后一种是由纺织纤维经粘合、熔合或其他机械、化学方法加工而成。

1. 梭织物——经纱与纬纱相互垂直交织在一起形成的织物。其基本组织有平纹、斜纹、缎纹，梭织面料即是由这三种基本组织及由其交相变化的组织构成。

2.针织物——用织针将纱线或长丝构成线圈，再把线圈相互串套而成，由于针织物的线圈结构特征，单位长度内储纱量较多，因此大多有很好的弹性。

5.1.2　梭织物的分类

1.按组成机织物的纤维种类分为纯纺织物、混纺织物和交织物。

纯纺织物——指经纬用同种纤维纯纺纱线织成的织物，此种织物的性能主要体现了纤维的特点。如纯棉织物的经纬纱都是棉纱（线），粘胶纤维织物的经纬纱都是粘胶纤维纱线。

混纺织物——指两种或两种以上不同品种的纤维混纺的纱线织成的织物，如棉麻混纺、涤棉混纺、毛涤等，它们的最大特征是在纺纱过程中将纤维混合在一起。

交织织物——指经纬向使用不同纤维的纱线或长丝织成的织物，比如经向用锦纶长丝、纬向用粘胶的锦粘交织面料或经向用真丝纬向用毛纱的丝毛交织物等。

2.按组成梭织物的组织结构分为平纹、斜纹、缎纹与其他组织。

5.1.3　针织物的分类

针织物主要分为两类：纬编针织物和经编针织物两大类。针织品中当以纬编针织物所占比重最大。

纬编针织物是将纱线由为纬向喂入，同一根纱线顺序的弯曲成圈并相互串套，我们最常见的毛衣即为纬编针织物。

经编线圈的串套方向正好与纬编相反，是一组或几组平行排列的纱线，按经向喂入，弯曲成圈并相互串套。

纬编针织物主要有基本纬编针织物（平针织物又称纬平、罗纹织物、双反面针织物）、特殊纬编针织物（双罗纹针织物、双面针织物、长毛绒、针织毛圈、针织天鹅绒等）。

经编针织物主要有经平、经绒与经平绒之分。

5.1.4　特别注意区别的几个概念

1.色织与印染

色织——对纱线进行染色，然后使用有色纱线进行织布，如很多衬衫面料、牛仔布等。

印染——织造后的面料进行印花染色，如很多很多的印花布，图案丰富多彩。

2.混纺与交织

混纺——纺纱过程中将两种或两种以上的不同纤维混合，然后用混纺纱线织布。

交织——织布时经纬使用不同品种的纱线或纤维长丝(束)织成的面料。

5.1.5 常用服装面料

1.棉型织物：是指以棉纱线或棉与棉型化纤混纺纱线织成的织品。其透气性好，吸湿性好，穿着舒适，是实用性强的大众化面料。可分为纯棉制品、棉的混纺两大类。

2.麻型织物：由麻纤维纺织而成的纯麻织物及麻与其他纤维混纺或交织的织物统称为麻型织物。麻型织物的共同特点是质地坚硬韧、粗犷硬挺、凉爽舒适、吸湿性好，是理想的夏季服装面料，麻型织物可分为纯纺和混纺两类。

3.丝型织物：是防止品中的高档品种。主要指由桑蚕丝、柞蚕丝、人造丝、合成纤维长丝为主要原料的织品。它具有薄轻、柔软、滑爽、高雅、华丽、舒适的优点。

4.毛型织物：是以羊毛、兔毛、骆驼毛、毛型化纤为主要原料制成的织品，一般以羊毛为住，它是一年四季的高档服装面料，具有弹性好、抗皱、挺括、耐穿耐磨、保暖性强、舒适美观、色泽纯正等优点，深受消费者的欢迎。

5.纯化纤织物：化纤面料以其牢度大、弹性好、挺括、耐磨耐洗、易保管收藏而受到人们的喜爱。纯化纤织物是由纯化学纤维纺织而成的面料。其特性由其化学纤维本身的特性来决定。化学纤维可根据不同的需要，加工成一定的长度，并按不同的工艺织成仿丝、仿棉、仿麻、弹力仿毛、中长仿毛等织物。

6.其他服装面料

(1)针织服装面料：是由一根或若干根纱线连续地沿着纬向或经向弯曲成圈，并相互串套而成的。

(2)裘皮：英文pelliccia，带有毛的皮革，一般用于冬季防寒靴、鞋的鞋里或鞋口装饰。

(3)皮革：各种经过鞣制加工的动物皮。鞣制的目的是为了防止皮变质，一些小牲畜、爬行动物、鱼类和鸟类的皮在英语里被称为skin，而在意大利或一些其他国家往往用“pelle”及其同义词来表示这一类的皮革。

(4)新型面料及特种面料：蜡染、扎染、太空棉等。

5.1.6 针织物与梭织物区别

针织物与梭织物由于在编织上方法各异，在加工工艺上，布面结构上，织物特性上，成品用途上，都有自己独特的特色，在此作一些比较。

1.织物组织的构成

(1)针织物：是由纱线顺序弯曲成线圈，而线圈相互串套而形成织物，而纱线形成线圈的过程，可以横向或纵向地进行，横向编织称为纬编织物，而纵向编织称为经编织物。

(2)梭织物：是由两条或两组以上的相互垂直纱线，以90°角作经纬交织而成织物，纵向的纱线叫经纱，横向的纱线叫纬纱。

2.织物组织基本单元

(1)针织物：线圈就是针织物的最小基本单元，而线圈由圈干和延展线呈一空间曲线所组成。

(2)梭织物：经纱和纬纱之间每一个相交点称为组织点，是梭织物的最小基本单元。

3.织物组织特性

(1)针织物：因线圈是纱线在空间弯曲而成，而每个线圈均由一根纱线组成，当针织物受外来张力，如纵向拉伸时，线圈的弯曲发生变化，而线圈的高度亦增加，同时线圈的宽度却减少，如张力是横向拉伸，情况则相反，线圈的高度和宽度在不同张力条件下，明显是可以互相转换的，因此针织物的延伸性大。

(2)梭织物：因经纱与纬纱交织的地方有些弯曲，而且只在垂直于织物平面的方向内弯曲，其弯曲程度和经纬纱之间的相互张力，以及纱线刚度有关，当梭织物受外来张力，如以纵向拉伸时，经纱的张力增加，弯曲则减少，而纬纱的弯曲增加，如纵向拉伸不停，直至经纱完全伸直为止，同时织物呈横向收缩。当梭织物受外来张力以横向拉伸时，纬纱的张力增加，弯曲则减少，而经纱弯曲增加，如横向拉伸不停，直至纬纱完全伸直为止，同时织物呈纵向收缩。而经、纬纱不会发生转换，与针织物不同。

4.织物组织的特征

(1)针织物：能在各个方向延伸，弹性好，因针织物是由孔状线圈形成，有较大的透气性能，手感松软。

(2)梭织物：因梭织物经、纬纱延伸与收缩关系不大，亦不发生转换，因此织物一般比较紧密，挺硬。

5.2 梭织物面料设计

5.2.1 条纹面料设计

1.打开Photoshop CS软件，新建一个文件，文件名为“条纹面料”，图像大小设置为10cm×10cm，RGB模式，分辨率200dpi，白色背景，如图5-1所示。值得注意的是：如果要得到更精细的效果，在开始制作时，可以将文件大小设置为较大的数值。

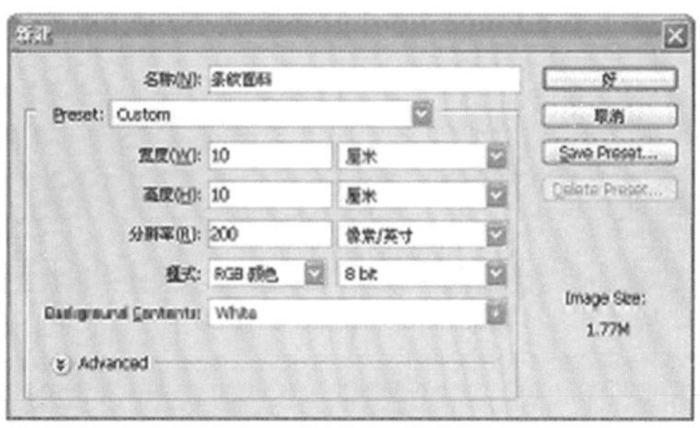

图5-1 新建文件

2.选择前景色为蓝色RGB(68，140，203)用油漆桶工具对背景进行填色，如图5-2所示。

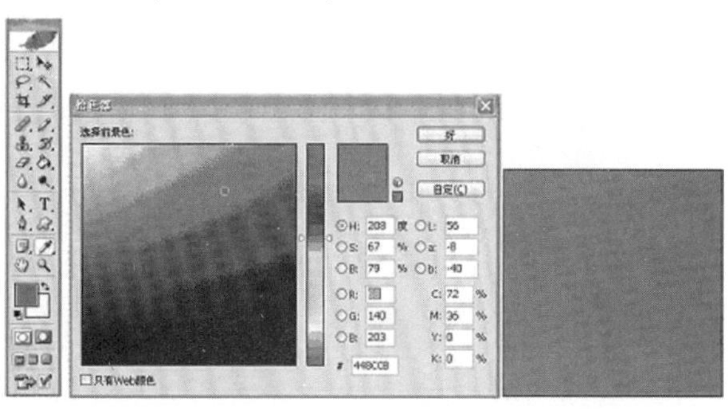

图5-2 对背景进行填色

3.新建图层，给新图层取名为“条纹”，并用矩形工具框选一矩形，设置前景色为浅灰色RGB(215，215，215)，用油漆桶工具进行填色如图5-3所示。

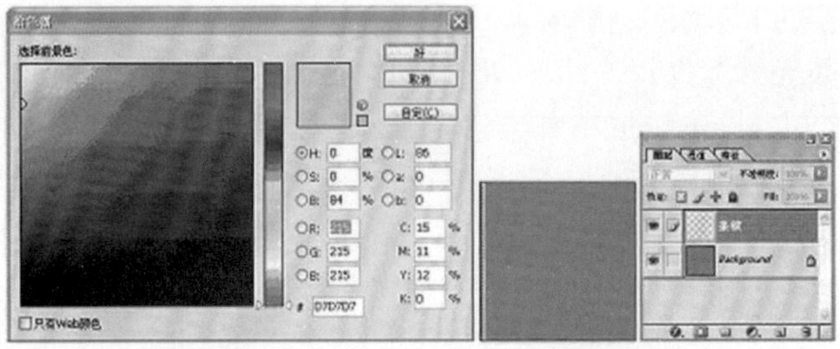

图5-3　对“条纹”进行填色

4.反复用【移动】+【Alt】+【Shift】工具，将浅灰色条纹复制均匀分布在蓝色背景上，如图5-4所示。

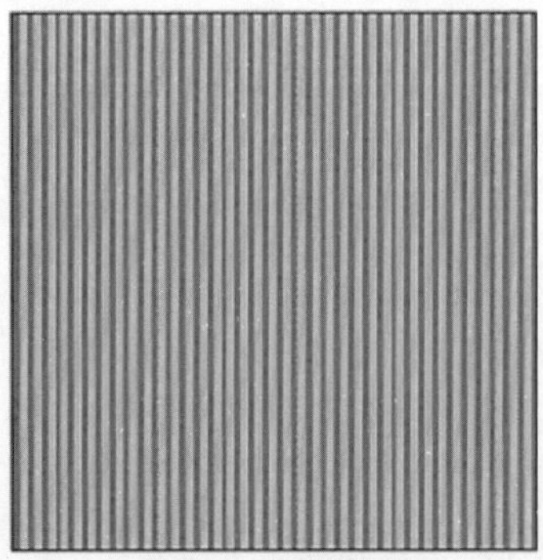

图5-4　条纹效果

5.使用【Ctrl】+【Shift】+【E】组合键合并可见图层，如图5-5(a)所示。

图5-5(a)　合并可见图层

6.选取【滤镜】\【杂色】\【增加杂色】，调整Amount参数使其值为16.02%，勾选平均分布，如图5-5(b)所示。

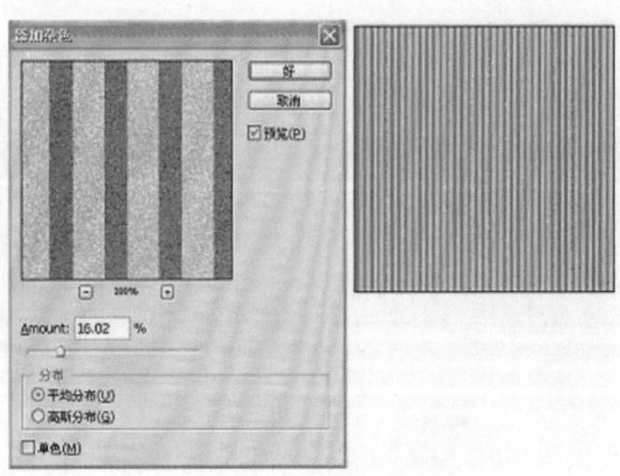

图5-5(b)　增加杂色效果

7.为了使布纹表面更接近实际效果，使用【滤镜】\【扭曲】\【海洋波纹】\【texture】\【纹理化】，其参数设置如图5-6所示，布面肌理效果如图5-7所示。

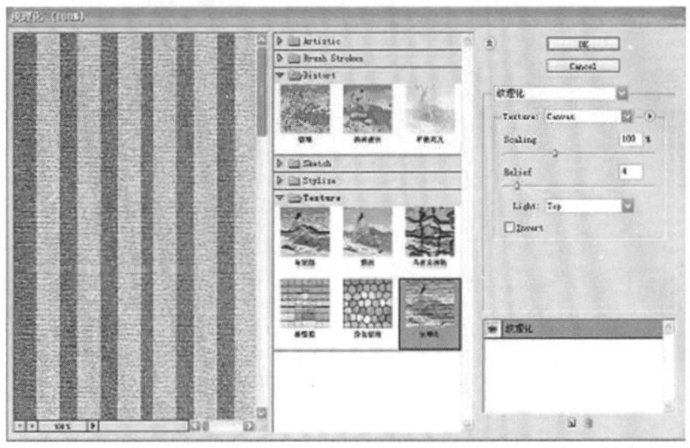

图5-6　纹理化参数设置

图5-7　布面肌理效果

8.织物表面仿泡泡纱皱纹效果，使用【滤镜】\【扭曲】\【海洋波纹】\【texture】\【龟裂纹】，其效果如图5-8所示，或使用【滤镜】\【扭曲】\【海洋波纹】\【texture】\【马赛克拼贴】，其参数设置分别为如图5-8、图5-9所示，效果分别为如图5-10、图5-11所示。

图5-8　龟裂纹参数设置

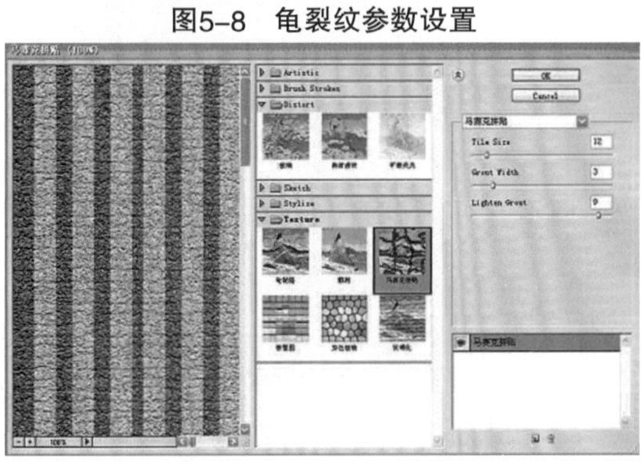

图5-9　马赛克拼贴参数设置

图5-10　泡泡纱面料效果1

图5-11　泡泡纱面料效果2

5.2.2　方格面料

1.打开Photoshop CS软件，新建一个文件，文件名为“方格面料”，图像大小设置为10cm×10cm，RGB模式，分辨率200dpi，白色背景，如图5-12所示。

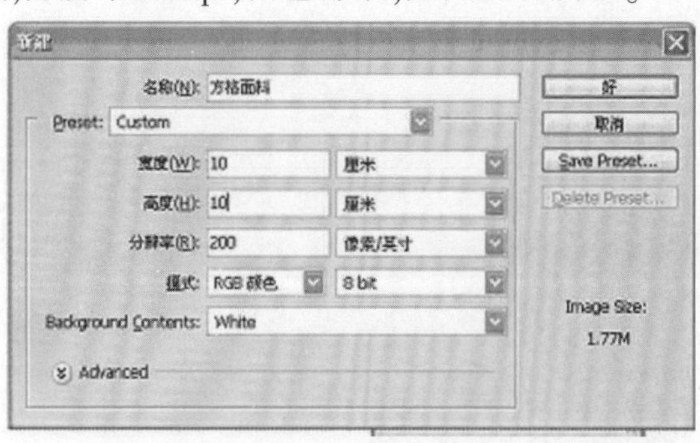

图5-12　新建文件

2.设置前景色为绿色RGB(59，184，120)用油漆桶工具对背景进行填色，如图5-13所示。

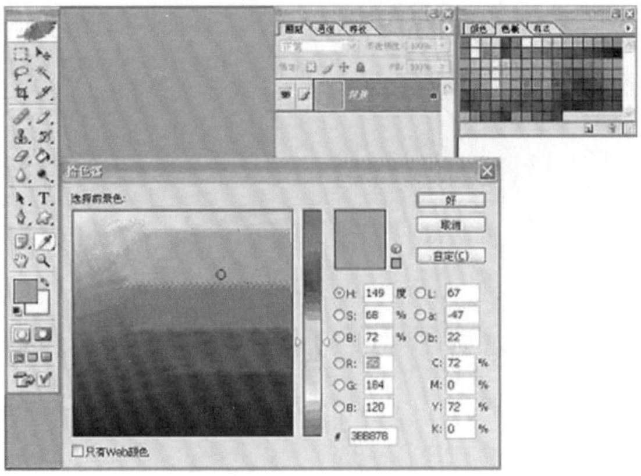

图5-13　背景填色

3.新建图层，给新图层取名为"条纹"，设置前景色RGB(157，8，13)，使用自定形状工具  拉出45°斜纹，参数设置如图5-14所示。

图5-14　自定形状工具

4.反复使用【移动】+【Alt】+【Shift】工具，复制斜纹均匀分布在条形范围内如图5-15所示。

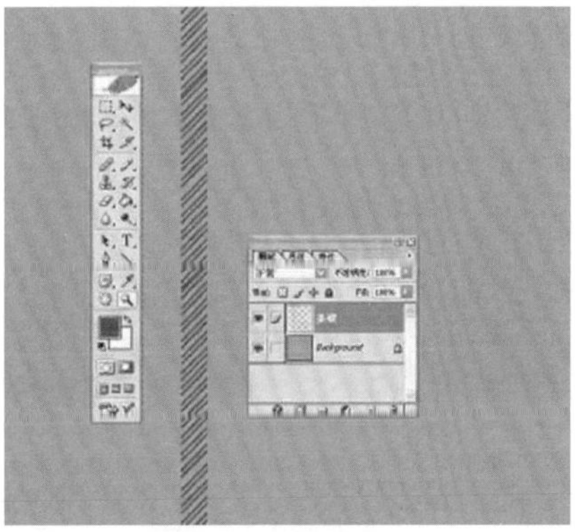

图5-15　创造斜纹

5.将绘制的斜纹条纹经【拷贝】\【剪切】，组成组合斜纹，单击背景层，使用矩形工具框选，使用【图像】\【调整】\【亮度/对比度】，调整背景色的亮度/对比度，如图5-16所示。

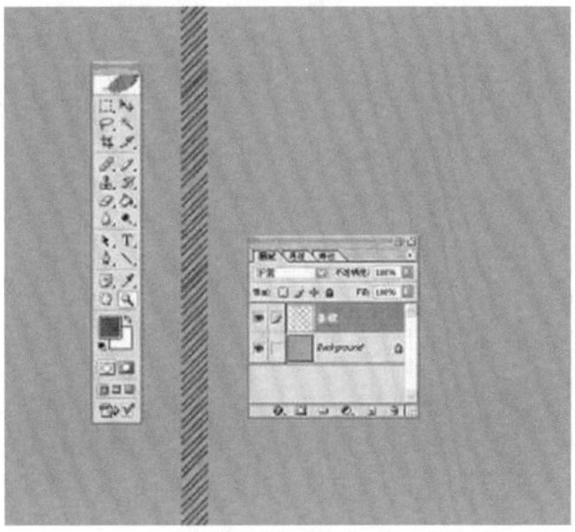

5-16　整背景色的亮度/对比度

6.反复使用【移动】+【Alt】+【Shift】工具，复制斜纹及背景色，形成方格面料效果，如图5-17所示。

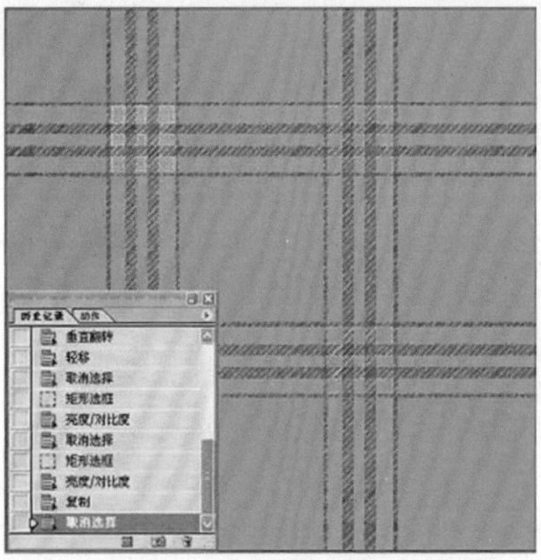

图5-17　方格面料效果

7.新建图层，给新图层取名为“黄条纹”，设置前景色RGB(255，242，0)，使用自定形状工具拉出45°斜纹，反复使用【移动】+【Alt】+【Shift】工具，复制“黄条纹”，如图5-18所示。

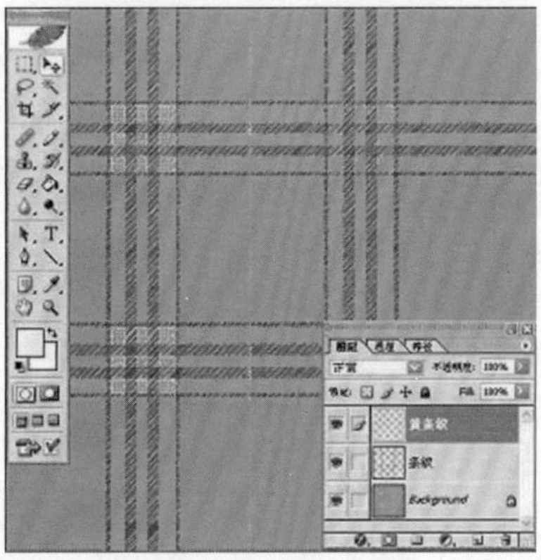

图5-18　制作黄条纹

8.反复使用【移动】+【Alt】+【Shift】工具，复制“黄条纹”成方格状，如图5-19所示。

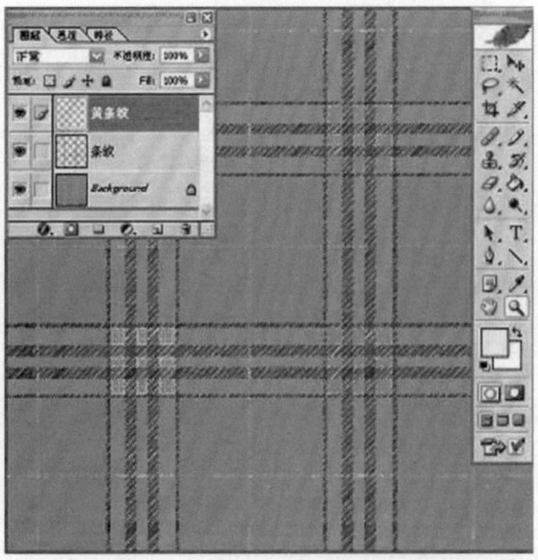

图5-19　复制“黄条纹”成方格状

9.制作的方格面料效果如图5-20所示。

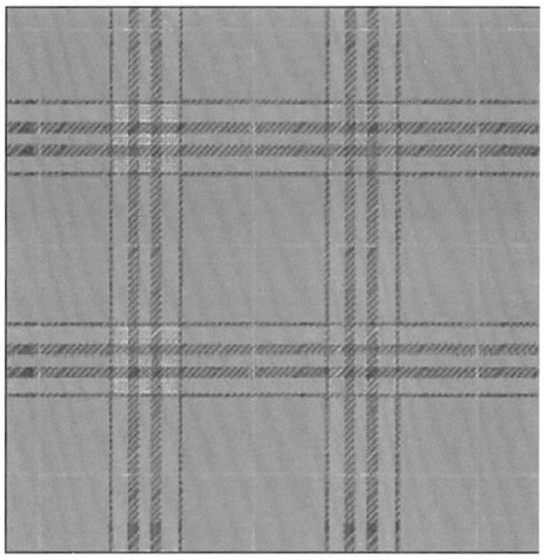

图5-20　方格面料效果

10.合并所有图层，为了使布纹表面更接近实际效果，使用【滤镜】\【纹理】\【纹理化】，其参数设置如图5-21所示，布面肌理效果如图5-22所示。

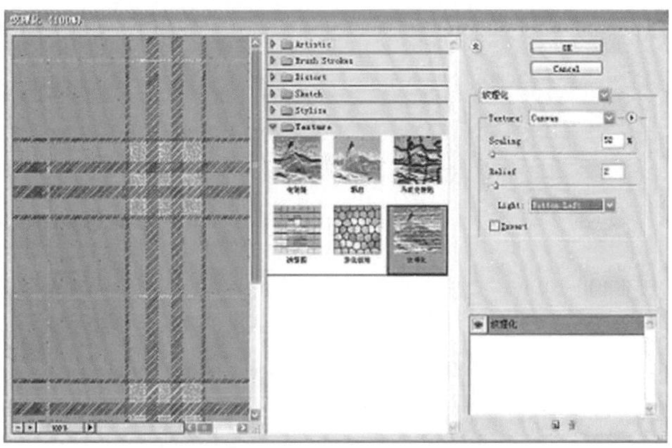

图5-21　纹理化参数设置

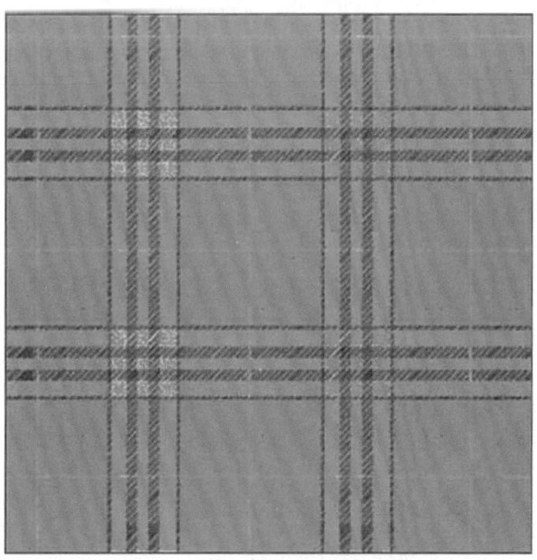

图5-22　方格面料布面肌理效果

5.2.3　迷彩面料设计

1.执行菜单栏中的【文件】\【新建】命令，或使用快捷键【Ctrl】+【N】，在弹出的“新建”对话框中设置参数如图5-23所示。注意这里的颜色位数为8位(bit)，否则后面不能用滤镜。

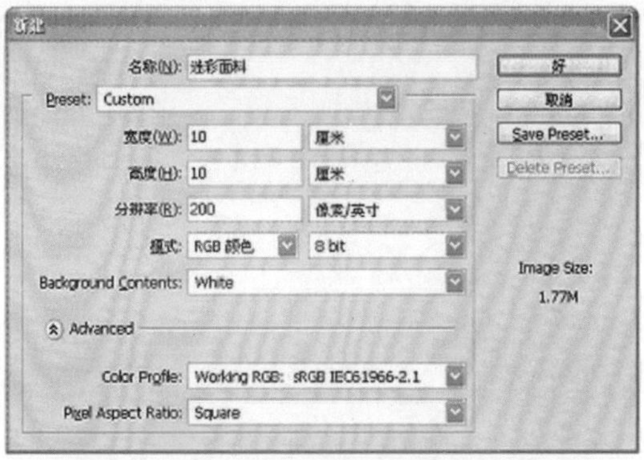

图5-23 “新建”对话框

2.设置前景色RGB(0，114，54)，并对背景填色如图5-24所示。

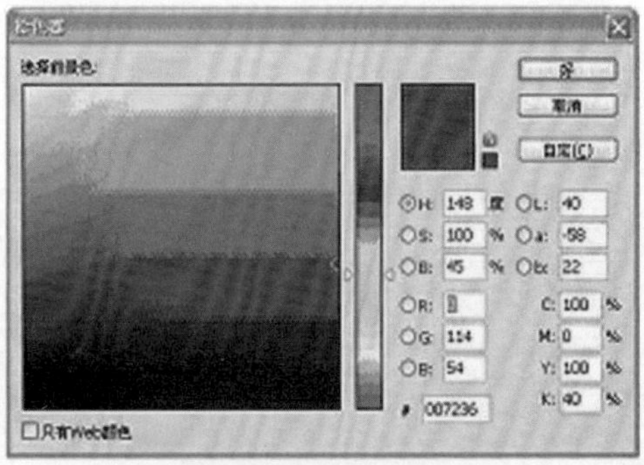

图5-24 设置前景色

3.执行菜单栏中的【滤镜】\【杂色】\【添加杂色】命令，在弹出的“添加杂色”对话框中设置参数如图5-25所示。

图5-25 “添加杂色”设置参数

4.执行菜单栏中的【滤镜】\【像数化】\【晶格化】命令，在弹出的“晶格化”对话框中设置参数如图5-26所示。

图5-26 “晶格化”设置参数

5.执行菜单栏中的【图像】\【调整】\【色阶】命令，在弹出的“色阶”对话框中设置参数如图5–27所示。

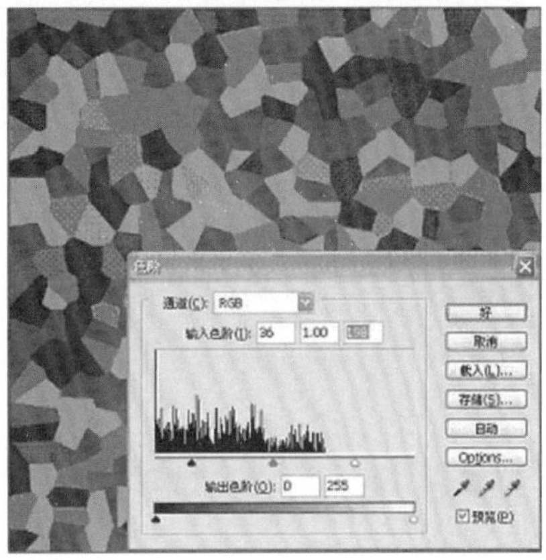

图5–27 “色阶”设置参数

6.执行菜单栏中的【滤镜】\【扭曲】\【波纹】命令，在弹出的“波纹”对话框中设置参数如图5–28(a)所示。

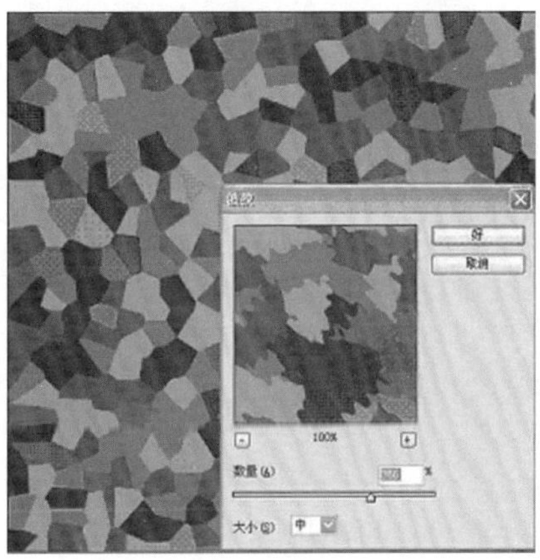

图5–28(a) “波纹”设置参数

7.最后迷彩面料效果如图5–28(b)所示。

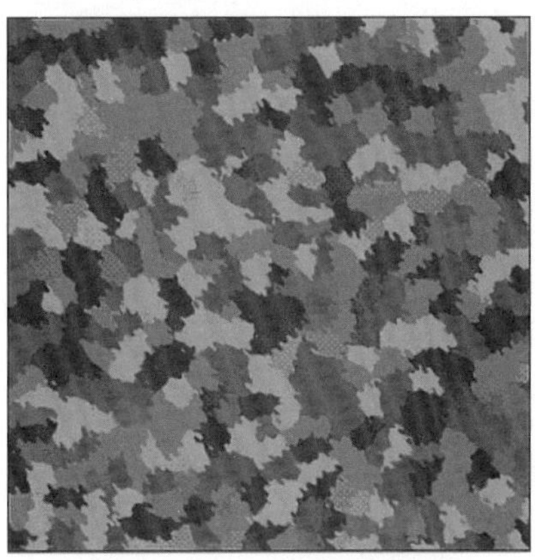

图5–28(b) 迷彩面料效果

5.2.4 豹纹面料设计

1.打开Photoshop CS软件，新建一个文件，文件名为“豹纹面料”，图像大小设置为

10cm×10cm,RGB模式,分辨率200dpi,白色背景,如图5-29所示。

图5-29 新建文件

2.按【D】键或工具箱中的复原默认前景色和背景色按钮,使前景色和背景色为默认的黑色和白色,并使用【Alt】+【Backspace】组合键给背景填充为黑色,如图5-30所示。

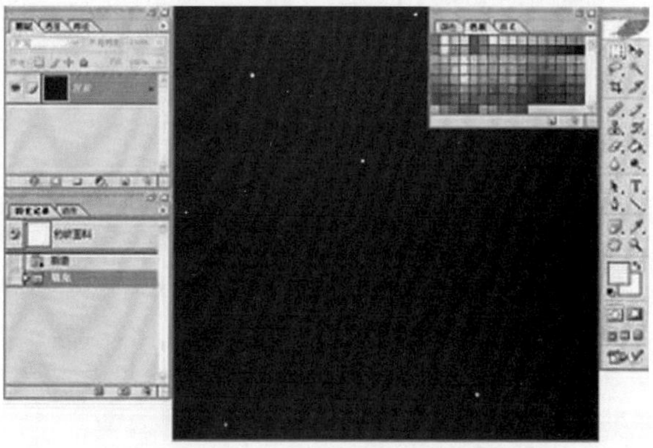

图5-30 背景填充为黑色

3.单击前景色窗口,设置前景色为RGB(255,247,153)的淡黄色,执行菜单栏中的【滤镜】\【纹理】\【染色玻璃】命令,在弹出的"染色玻璃"对话框中设置参数如图5-31所示。

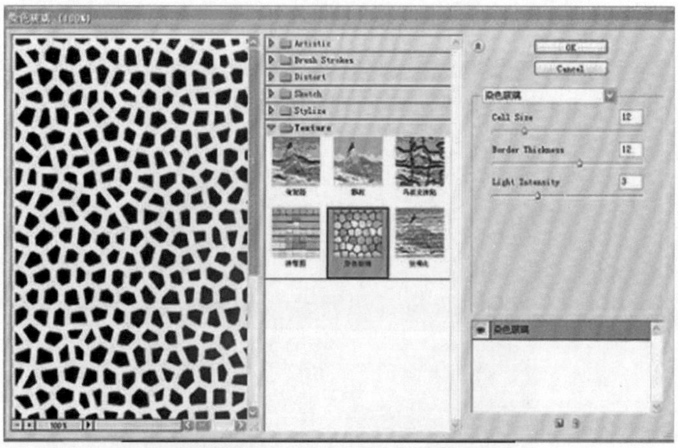

图5-31 "染色玻璃"设置参数

4.执行菜单栏中的【滤镜】\【模糊】\【高斯模糊】命令,在弹出的"高斯模糊"对话框中设置参数如图5-32(a)所示。

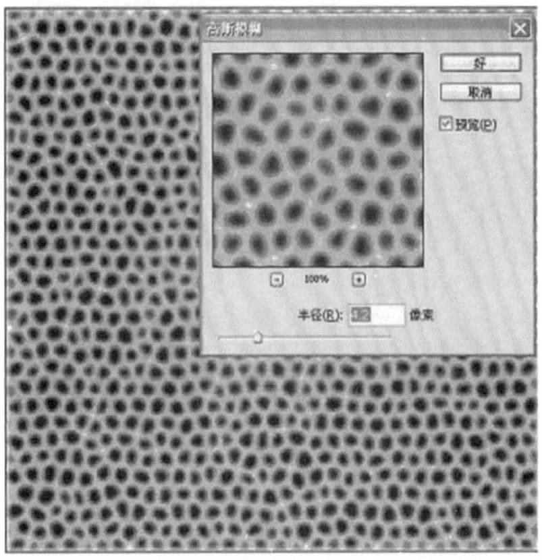

图5-32(a) “高斯模糊”设置参数

5.执行【图像】\【调整】\【色阶】命令，“色阶”对话框中设置参数如图5-32(b)所示，把黑拉杆和白拉杆彼此拉近，加强了画面的对比度。

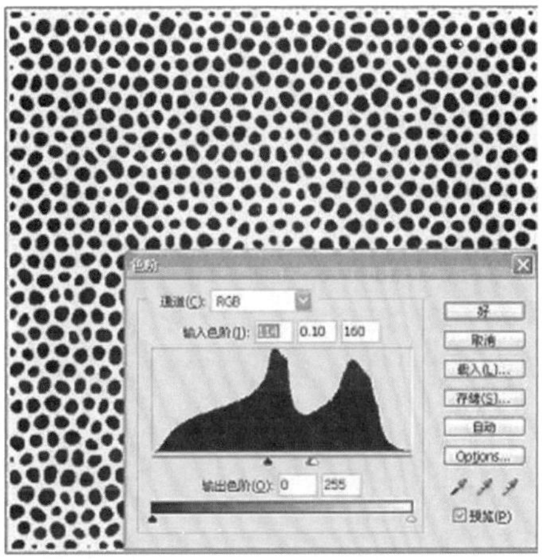

图5-32(b) “色阶”设置参数

6.执行菜单栏中的【选择】\【色彩范围】命令，用鼠标(任意用取样吸管)在图像中任意黑点的位置击，在弹出的“色彩范围”对话框中设置参数如图5-33所示，这样就会将图像中所有色彩为黑色的图形选中。

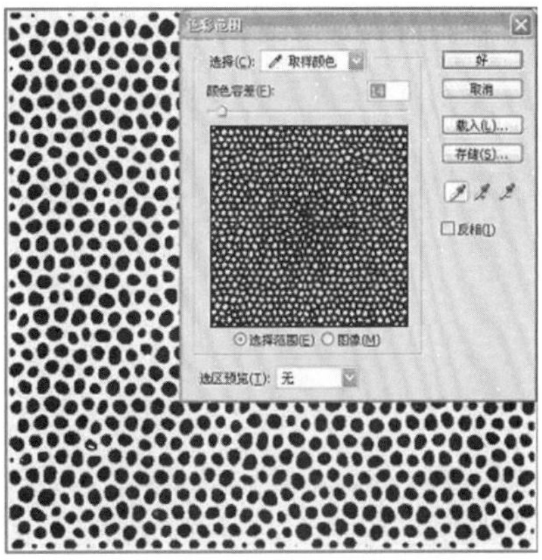

图5-33 “色彩范围”设置参数

7.执行菜单栏中的【选择】\【修改】\【收缩】命令，收缩量取5个像素点，如图5-34所示。

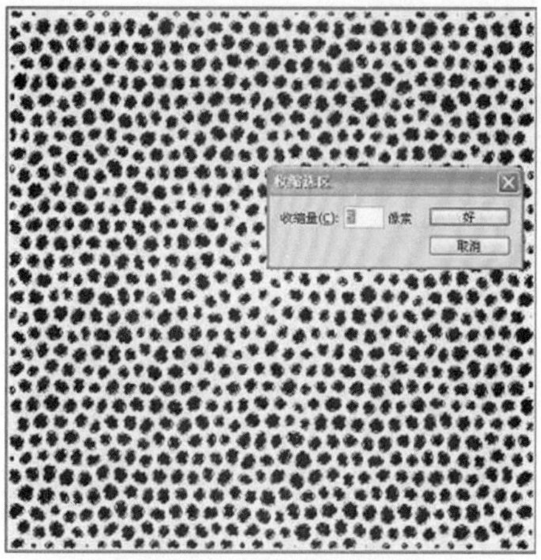

图5-34 “收缩”设置参数

8.单击前景色窗口，设置前景色为RGB(163，97，7)的褐色，并使用【Alt】+【Backspace】组合键给选择区填充为褐色，这样褐色被填充到全部黑色缩小的豹纹选区中，如图5-35所示。

图5-35 填充褐色

9.执行菜单栏中的【滤镜】\【模糊】\【高斯模糊】命令，或按【Ctrl】+【F】组合键，在弹出的“高斯模糊”窗口中设置参数如图5-36所示。

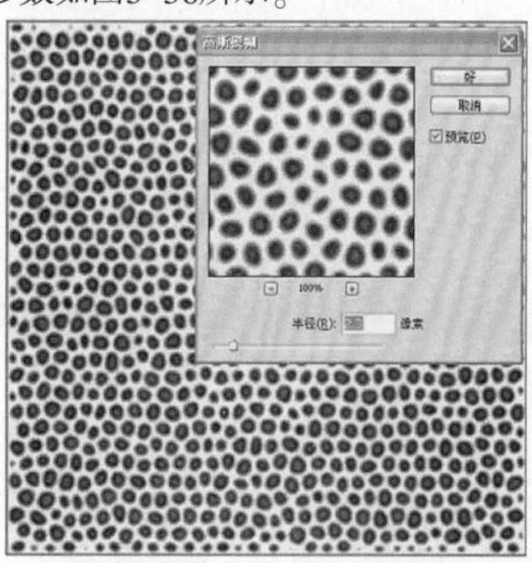

图5-36 “高斯模糊”设置参数

10.豹纹效果如图5-37所示。

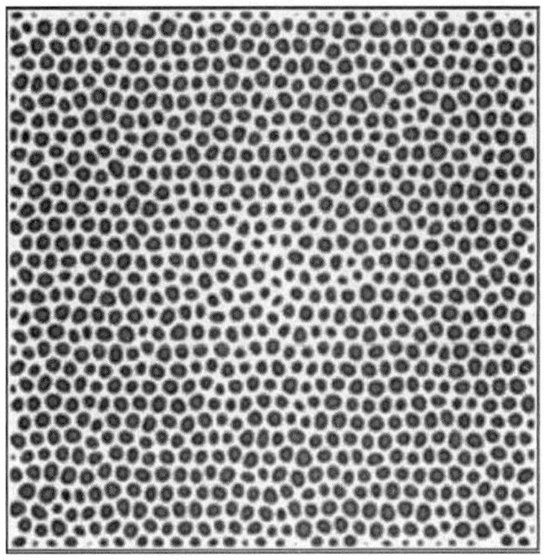

图5-37　豹纹效果

11.为了使纹理表面效果接近实际织物效果，执行菜单栏中的【滤镜】\【纹理】\【绘画涂抹】命令，其参数设置如图5-38(a)所示。

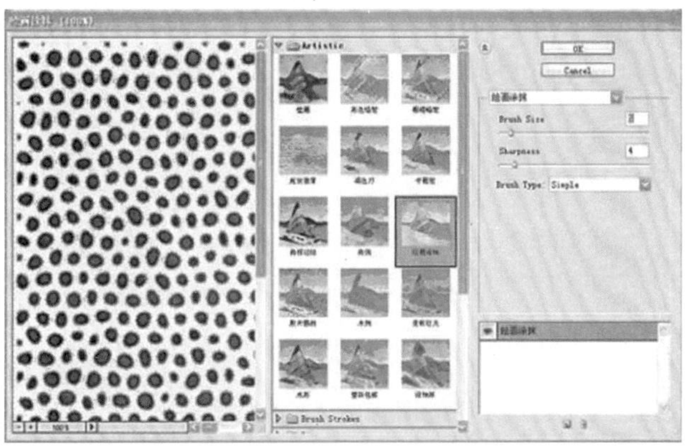

图5-38(a)　“绘画涂抹”参数设置

12.为了模拟豹子的毛感，执行菜单栏中的【滤镜】\【模糊】\【动感模糊】命令，其参数设置如图5-38(b)所示，这个命令把黑色和褐色的豹纹做了横向的分解，出现很多横向的线条。

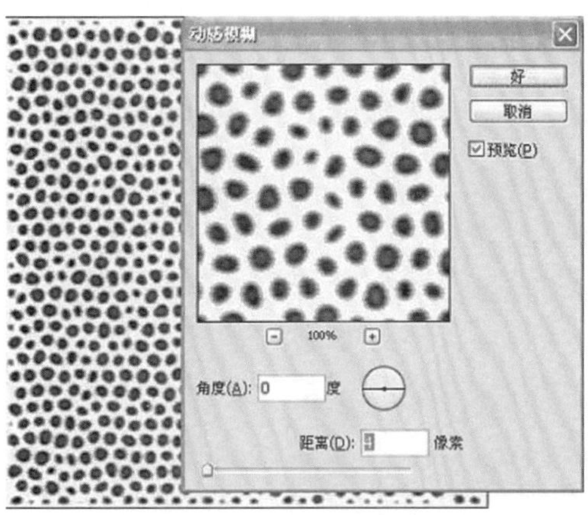

图5-38(b)　“动感模糊”参数设置

13.最终的仿动物豹纹的面料效果如图5-39所示。

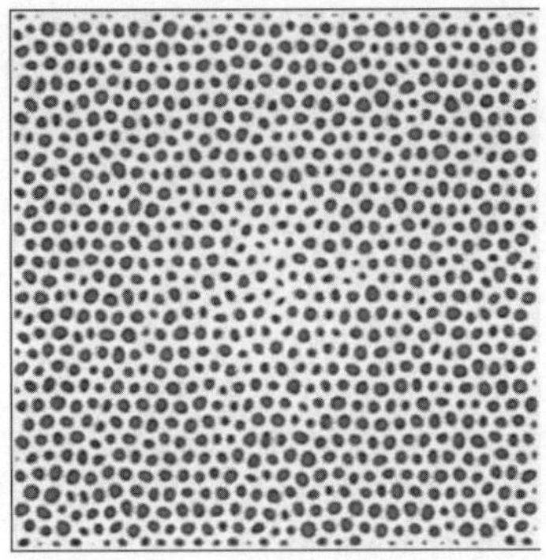

图5-39 豹纹面料效果

5.2.5 斜纹牛仔面料设计

风靡多年的牛仔服饰因其粗犷、豪放、潇洒，一直备受消费者喜爱。从产品风格来看，牛仔面料根据厚度分厚型和薄型，厚型牛仔面料坚固、耐磨、粗犷，薄型牛仔面料柔软且有较高的耐磨度，不仅使牛仔装在穿着时感受更舒适，更贴近自然，而且也使其适合在任何季节和更多的场合穿着。

1.执行菜单栏中的【文件】\【新建】命令，或使用快捷键【Ctrl】+【N】，在弹出的“新建”对话框中设置参数如图5-40所示。

图5-40 新建文件

2.新建名为“靛蓝色”的图层，点击前景色拾色器，设置前景色为RGB(0，84，166)的靛蓝色，并进行填色如图5-41所示。

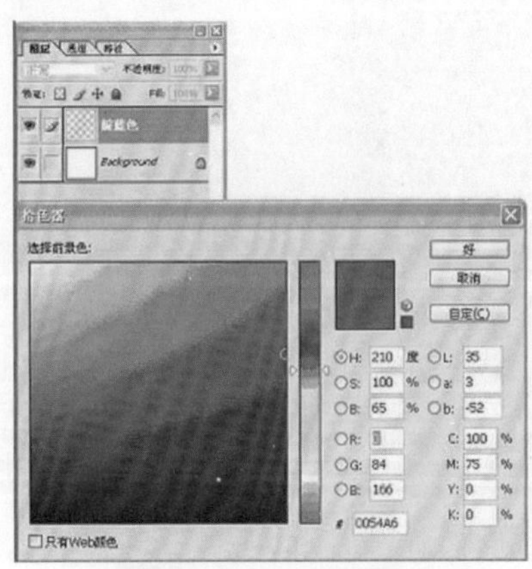

图5-41 设置前景色

3.执行菜单栏中的【滤镜】\【纹理】\【纹理化】命令，其参数设置如图5-42所示。

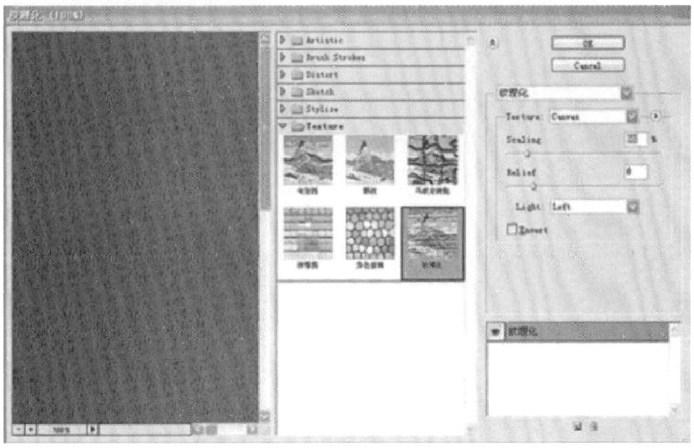

图5-42 “纹理化”参数设置

4.执行菜单栏中的【滤镜】\【锐化】\【USM锐化】命令，其参数设置如图5-43所示，【USM锐化】滤镜用于调理图案边缘细节的对比，并且在边缘产生修正明暗交接线，从而提高图像的清晰度。

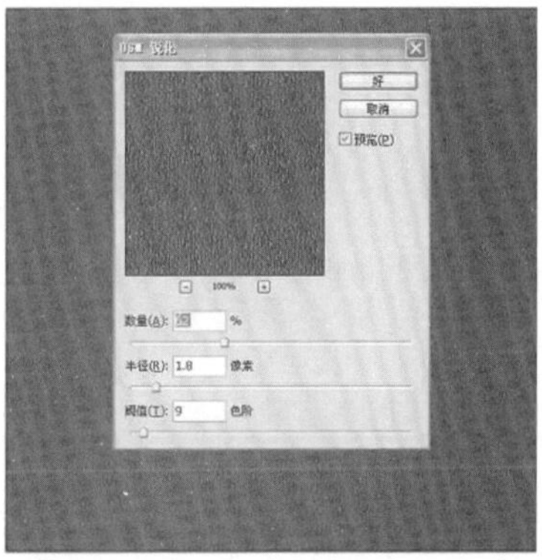

图5-43 “USM锐化”参数设置

5.完成后效果如图5-44所示。

图5-44 完成后效果

6.如果纹理不够清楚，反复按【Ctrl】+【F】多次执行上次滤镜便可。

7.新建图层，设置前景色为黑色，使用自定形状工具，载入样式，找到斜纹图形，如图5-45所示；拉出45°斜纹，参数设置如图5-46所示。

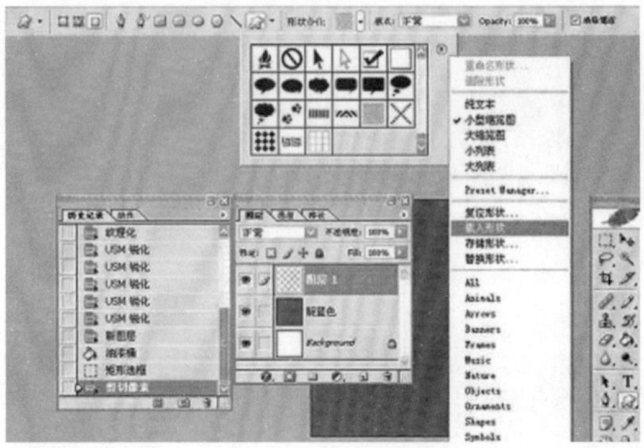

图5–45 载入样式

图5–46 自定形状工具参数设置

8.框选斜纹，执行【编辑】\【定义图案】，并用该斜纹图案，填充图层全部，填充对话框如图5–47所示。

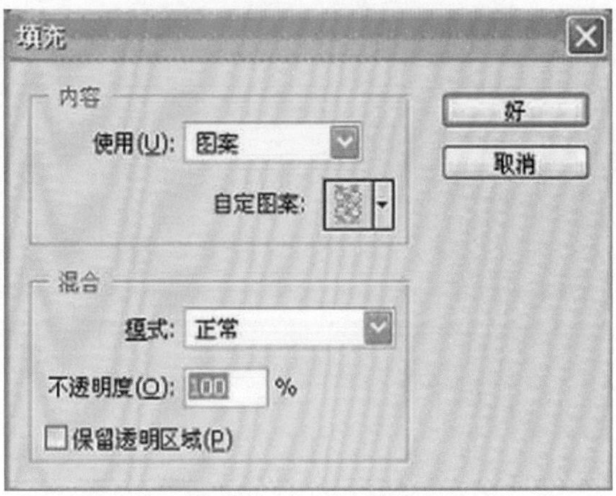

图5–47 填充对话框

9.将该图层的图层模式改成“正片叠底”如图5–48所示。

图5–48 正片叠底模式

10.其斜纹牛仔面料效果如图5-49所示。

图5-49　斜纹牛仔面料效果

5.2.6　平纹牛仔面料设计

1.执行菜单栏中的【文件】\【新建】命令，或使用快捷键【Ctrl】+【N】，在弹出的“新建”对话框中设置参数如图5-50所示。

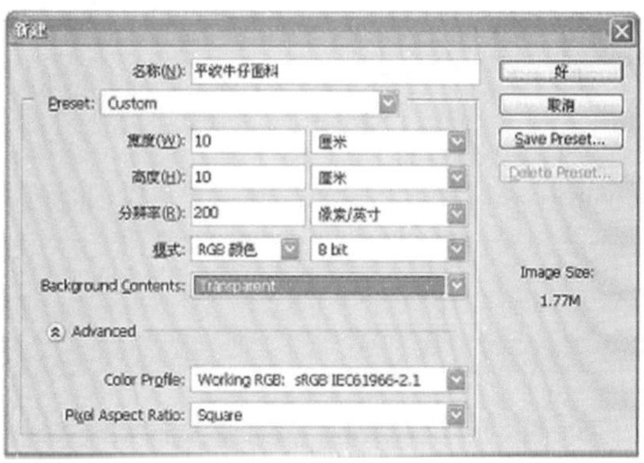

图5-50　新建文件

2.设置前景色RGB(1，85，167)，背景色RGB(109，208，246)，执行工具箱【渐变工具】，状态及参数设置如图5-51所示，为了使渐变的方向垂直，可以在按住【Shift】键的同时拖动鼠标，使用渐变工具在画布上由上而下填充渐变色，效果如图5-51所示。

图5-51　渐变效果

3.执行菜单栏中的【滤镜】\【渲染】\【Fibers】命令，其参数设置如图5-52所示。

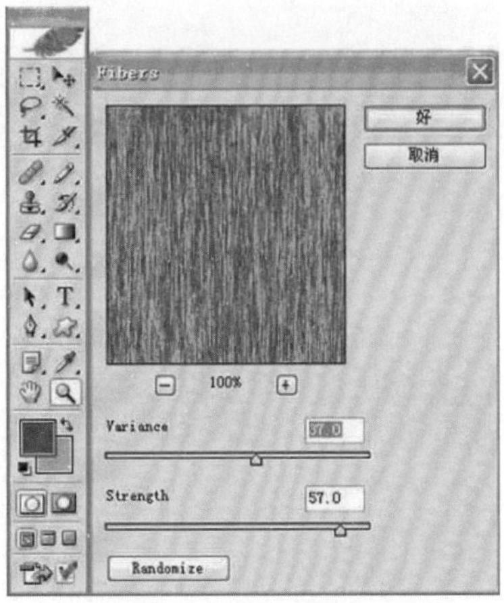

图5-52　Fibers参数设置

4.复制图层1增加图层1副本，并将图层1副本用【编辑】\【变换】\【旋转90】模式由正常改为正片叠底模式，如图5-53所示。

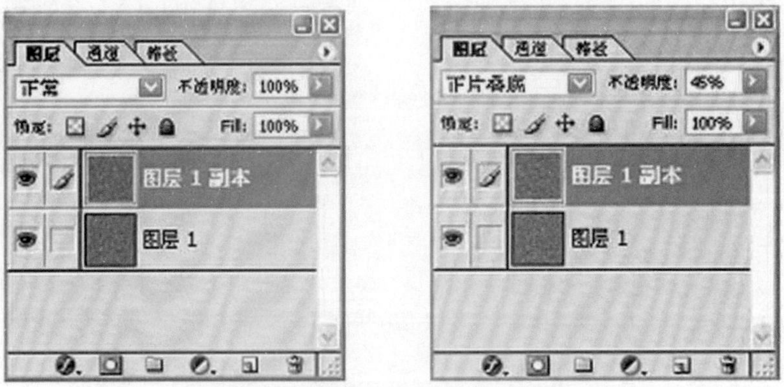

图5-53　复制图层并为正片叠底模式

5.执行菜单栏中的【滤镜】\【锐化】\【USM锐化】命令，其参数设置如图5-54所示。

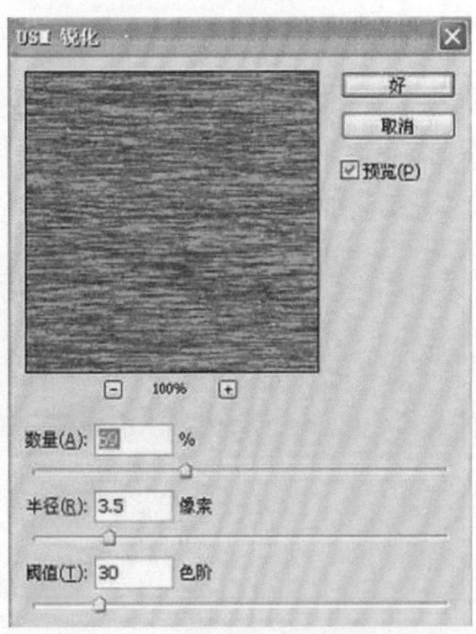

图5-54　USM锐化参数设置

6.将图层1和图层1副本合并，颜色有些问题，不是最原始的牛仔色，执行菜单栏中的【图像】\【调整】\【色相/饱和度】命令，其参数设置如图5-55所示。

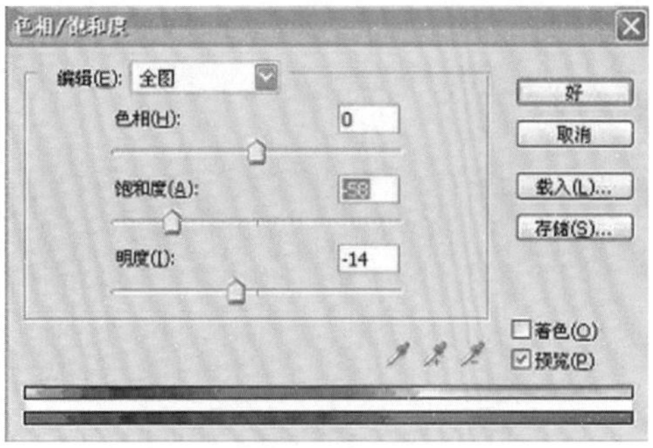

图5-55　色相/饱和度参数设置

7.最后平纹薄型牛仔面料效果如图5-56所示。

图5-56　薄型牛仔面料效果

5.2.7　蜡染面料设计

享有“东方第一染”美誉的蜡染，是中国最古老的传统手工艺。早在两千多年前的秦汉时期，我国就有了“绘花于布，而后染之，去蜡则见花”的蜡缬，到了唐朝，蜡染已成为盛行的装饰纺织品。

蜡染的图案构图简洁明快，布局粗犷豪放，有浑厚素雅的质朴美。染色时自然龟裂的纹路形成蜡染独特的“冰纹”效果，或疏或密，或直或曲，自然流畅，无一雷同。同一款画稿，每次染色所产生的“冰纹”都不相同，艺术效果也可能完全不同。这种独特的魅力，正是蜡染艺术的灵魂所在。蜡染品可以做成壁挂、信插、背包、围裙、坐垫、台布、门帘、布娃娃等。

1.执行菜单栏中的【文件】\【新建】命令，或使用快捷键【Ctrl】+【N】，在弹出的“新建”对话框中设置参数如图5-57所示。

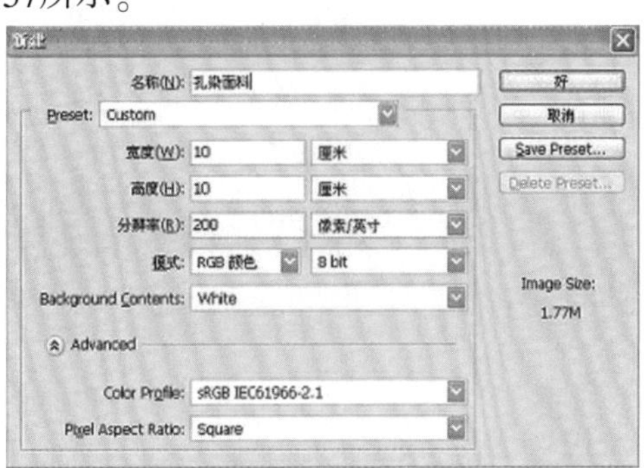

图5-57　新建文件

2.打开一幅黑白描图如图5–58所示。

图5–58　黑白描图

3.运用裁剪工具对原图进行裁剪，并缩放至如图5–59位置。

图5–59　裁剪并缩放

4.将线描稿所在图层命名为“线描稿”图层。如图5–60所示。

5.点击前景色窗口，弹出拾色器面板，设置前景色RGB(0,31,86)如图5–61所示。

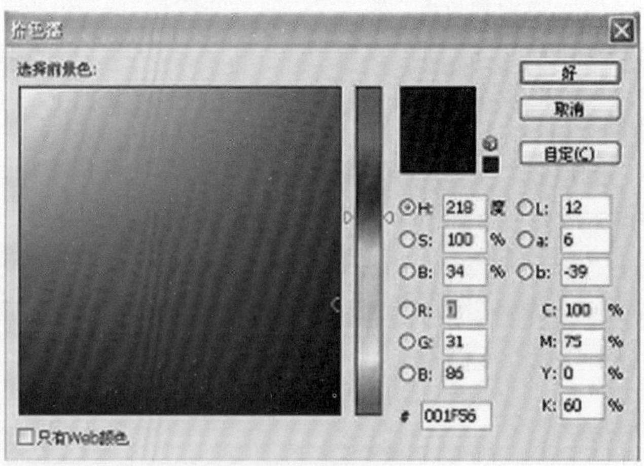

图5–60　命名“线描稿”图层　　　　图5–61　设置前景色

6.用前景色对背景进行填色如图5–62所示。

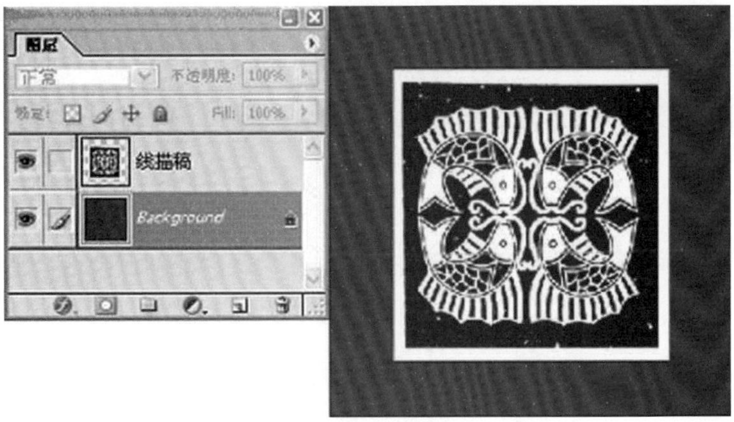

图5-62　背景填色

7.将“线描稿”图层变为当前层，执行菜单栏【选择】\【色彩范围】，用取样吸管点击任意一点黑色，“色彩范围”设置参数如图5-63所示。

图5-63　“色彩范围”设置参数

8.按下“好”按钮，“线描稿”图层中黑色大部分就被选择变成选择区，为了使黑色部分全部被选择，执行菜单栏【选择】\【扩大选取】命令，如图5-64所示。

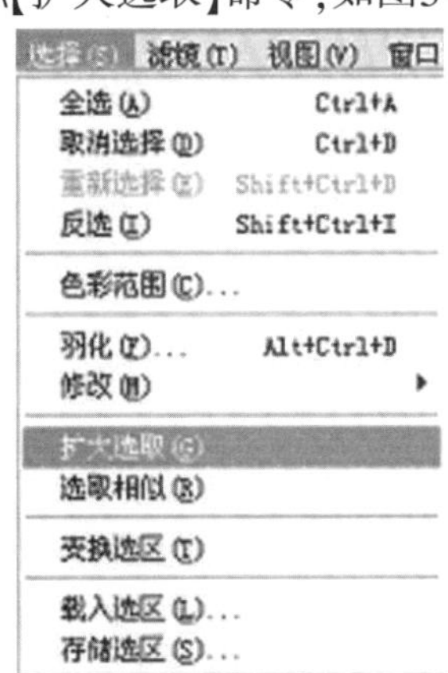

图5-64　执行【选择】\【扩大选取】命令

9.反复“扩大选取”后，选取范围最大化，效果如图5-65所示。

图5-65 选取范围最大化

10.执行【编辑】\【剪切】或快捷键【Ctrl】+【X】命令，剪切黑色部分，如图5-66所示。

图5-66 剪切黑色部分

11.执行菜单栏【滤镜】\【模糊】\【动感模糊】命令，“动感模糊”设置参数如图5-67所示。

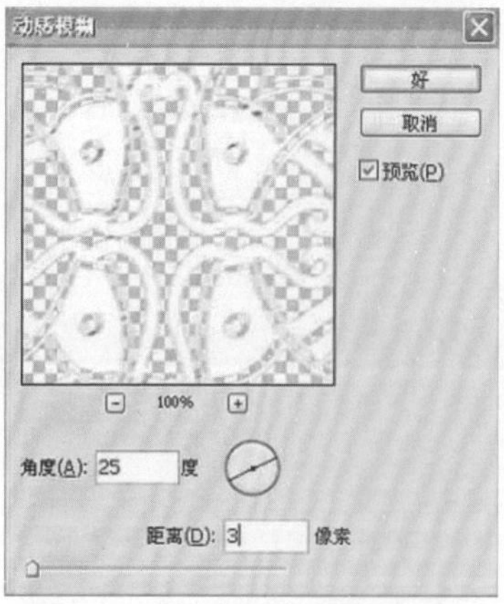

图5-67 “动感模糊”设置参数

12.拼合图层，如图5-68(a)所示；效果如图5-68(b)所示。

图5-68(a)　拼合图层　　　　图5-68(b)　效果

13.为了使图像表面效果接近蜡染面料表面效果，执行菜单栏【滤镜】\【纹理】\【纹理化】命令，“纹理化”设置参数如图5-69所示。

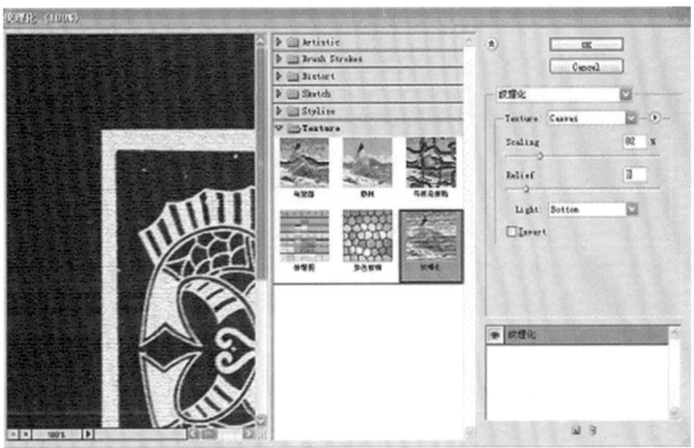

图5-69　“纹理化”设置参数

14.最终蜡染面料效果如图5-70所示。

图5-70　最终蜡染面料效果

5.2.8　皮革面料设计

1.执行菜单栏中的【文件】\【新建】命令，或使用快捷键【Ctrl】+【N】，在弹出的“新建”对话框中设置参数如图5-71所示。

图5-71　新建文件

2.按【D】键或工具箱中的复原默认前景色和背景色按钮，使前景色和背景色为默认的黑色和白色 ，执行【滤镜】\【纹理】\【染色玻璃】，“染色玻璃”对话框中设置参数如图5-72所示。

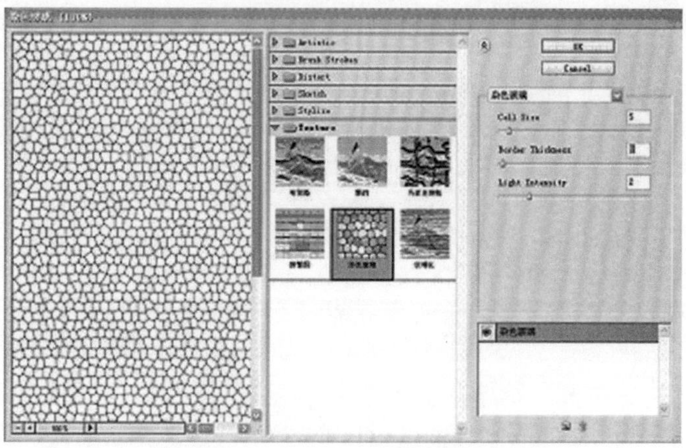

图5-72　“染色玻璃”设置参数

3.按“ok”键效果如图5-73所示。

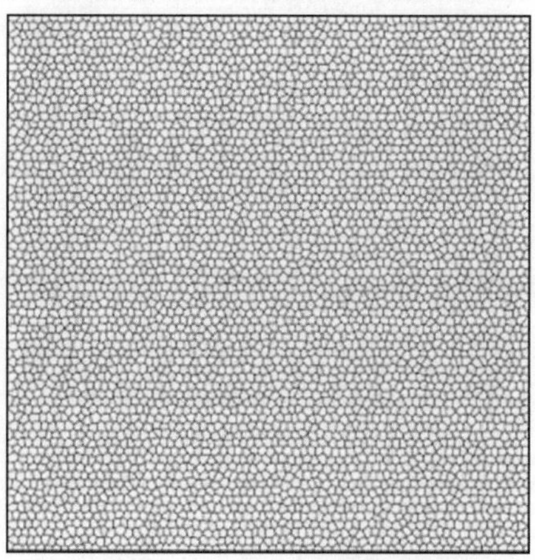

图5-73　执行“染色玻璃”后效果

4.执行【滤镜】\【杂色】\【添加杂色】命令，“添加杂色”对话框中设置参数如图5-74所示；按“好”键效果如图5-75所示。

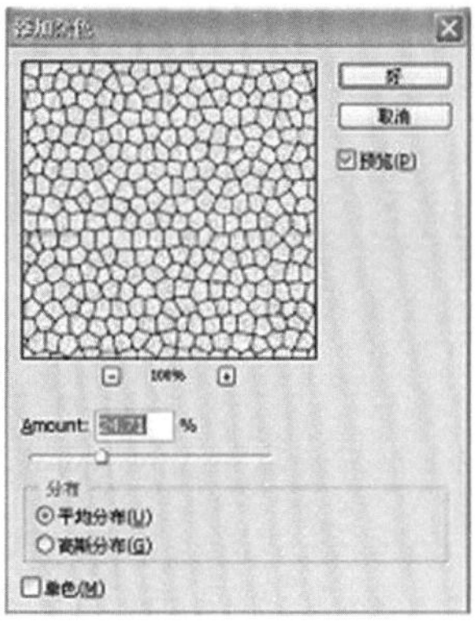

图5-74 “添加杂色”设置参数

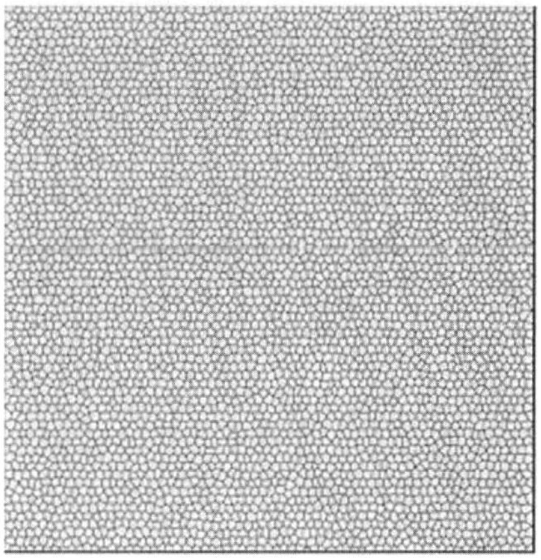

图5-75 执行“添加杂色”后效果

5.执行【滤镜】\【风格化】\【浮雕效果】命令，“浮雕效果”对话框中设置参数如图5-76所示。

图5-76 “浮雕效果”设置参数

6.黑白效果的皮革肌理效果便产生了，执行菜单栏【图像】\【调整】\【色彩平衡】命令，“色彩平衡”对话框中设置参数如图5-77所示；按“好”键后效果如图5-78所示。

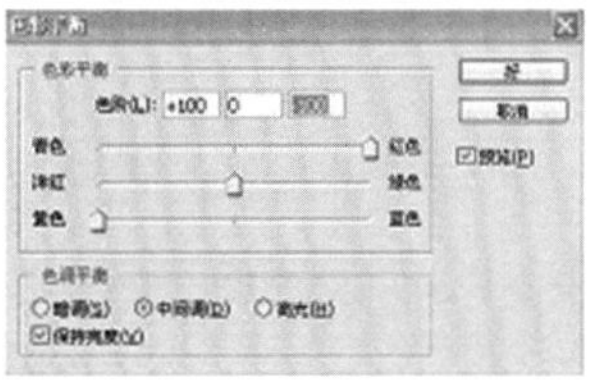

图5-77 “色彩平衡”设置参数

图5-78 效果

7.颜色看起来较灰暗，反复执行菜单栏【图像】\【调整】\【色彩平衡】及【图像】\【调整】\

【亮度/对比度】命令，直到图像效果接近“皮革效果”，如图5–79所示。

图5–79　完成效果

8.为了增加皮革表面的光泽效果，用椭圆框选工具在图像中进行框选，如图5–80所示，点击鼠标右键，选择【羽化选区】命令，设置参数如图5–81所示。

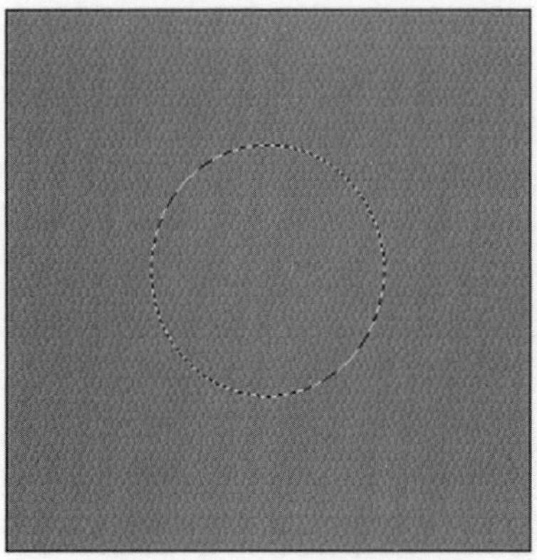

图5–80　椭圆框选　　图5–81　羽化选区参数

9.执行菜单栏【图像】\【调整】\【亮度/对比度】命令，设置参数如图5–82所示；完成效果如图5–83所示。

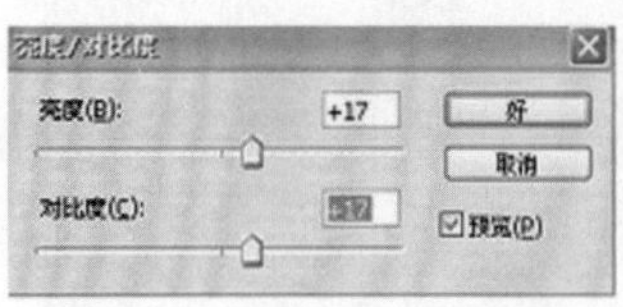

图5–82　亮度/对比度参数　　图5–83　完成效果

5.3　针织物面料设计

1.执行菜单栏中的【文件】\【新建】命令，或使用快捷键【Ctrl】+【N】，在弹出的“新建”对话框中设置参数如图5-84所示。

图5-84 新建文件

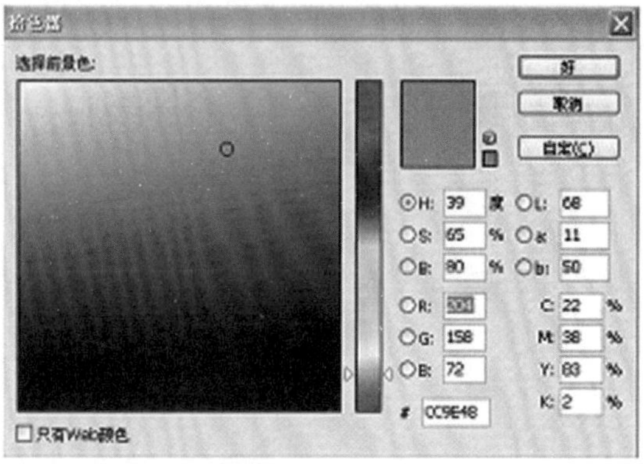

图5-85 设置前景色

2.点击前景色窗口，弹出拾色器面板，设置前景色RGB(204,158,72)如图5-85所示。

3.按【Alt】+【BackSpace】组合键用前景色填充背景如图5-86所示。

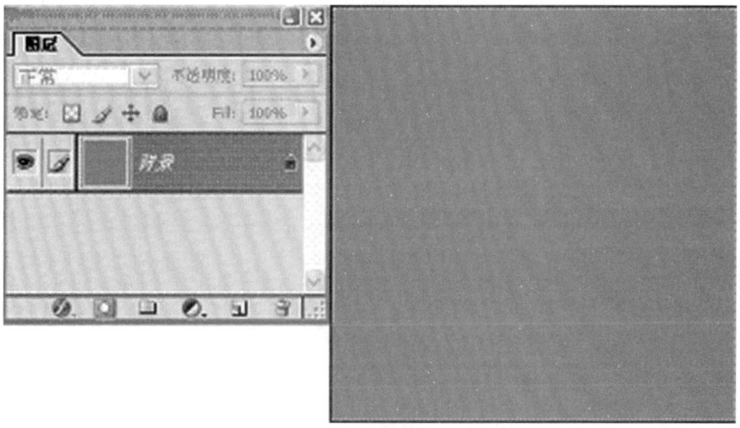

图5-86 前景色填充背景

4.使用【Ctrl】+【R】显示标尺，用移动工具拖出辅助线如图5-87所示。

图5-87 拖出辅助线

5.选择工具箱的钢笔工具，设置如图5-88所示。

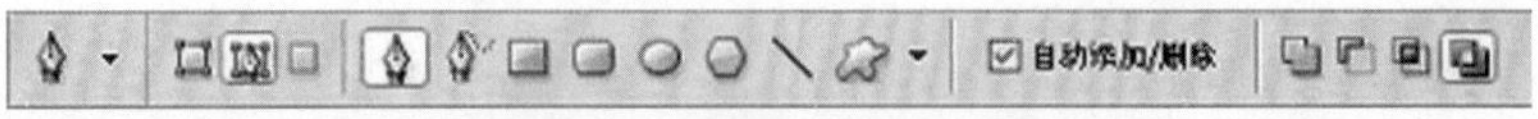

图5-88 钢笔工具选项栏

6.在如图5-89所示位置在辅助线内点击鼠标左键大致创建一个路径图形。

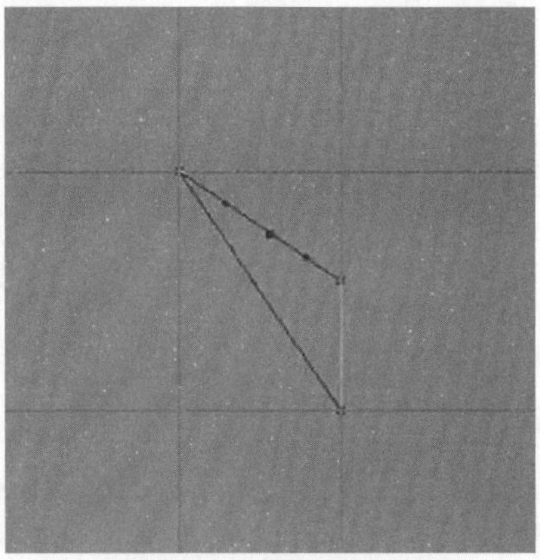

图5-89 创建基本图形

7.选择工具箱的增加锚点工具  ,在路径上单击增加几个节点,拖动节点手柄,使原直线路径变成曲线路径,并存储名为“针织花纹”的工作路径如图5-90所示。

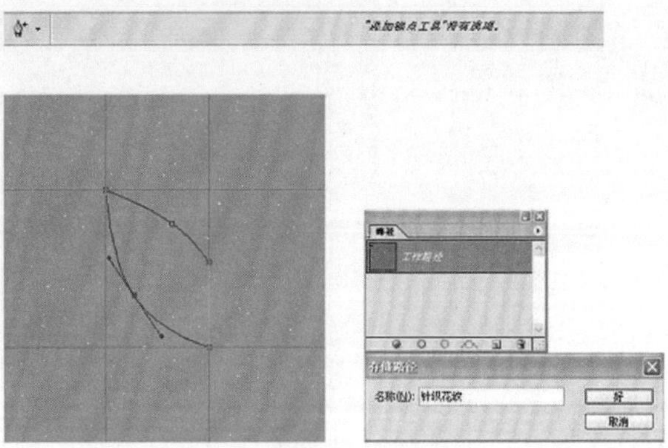

图5-90 调整基本图形并存储路径

8.新建名为“针织花纹”的图层,并将路径建立选区,“建立选区”参数设置如图5-91所示。

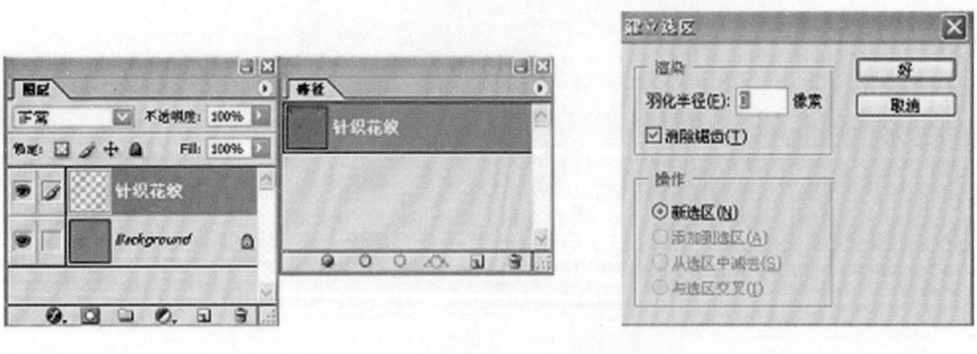

图5-91 新建图层并建立选区

9.点击前景色窗口，弹出拾色器面板，设置前景色RGB(225,179,93)，如图5-92所示。

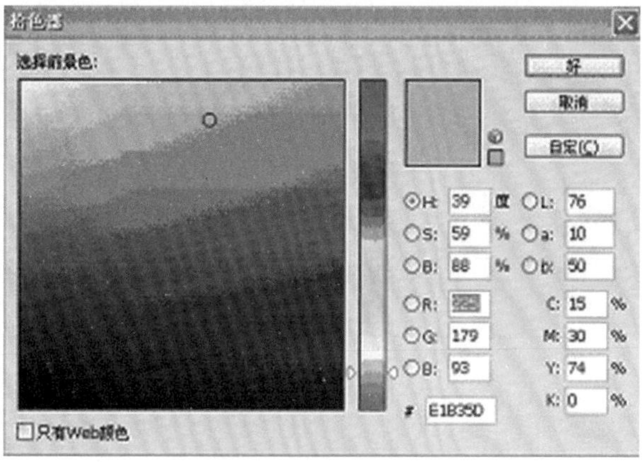

图5-92　设置前景色

10.按【Alt】+【BackSpace】组合键用前景色填充选区，使用工具箱加深工具，加深工具参数设置如图5-93所示，给选区图形增加明暗层次，以突出针织毛线花纹的的立体感，如图5-94所示。

图5-93　加深工具参数设置

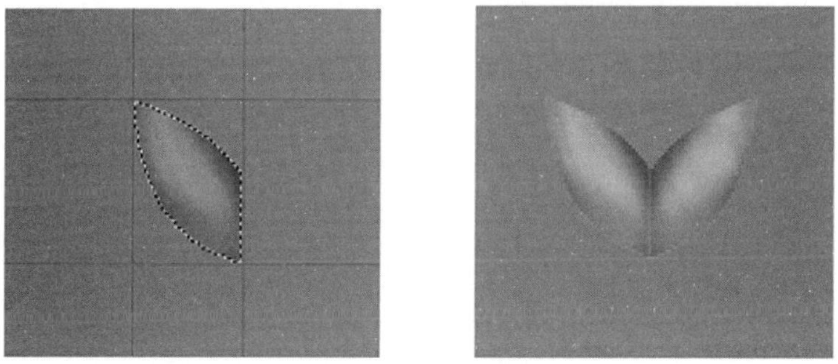

图5-94　增加明暗层次

11.执行【滤镜】\【杂色】\【添加杂色】命令，“添加杂色”对话框中设置参数如图5-95所示。

图5-95　“添加杂色”设置参数

12.为了增加针织毛线的毛感，执行【滤镜】\【模糊】\【动感模糊】命令，针织花纹出现了很多横向的绒毛，“添加杂色”对话框中设置参数如图5-96所示。

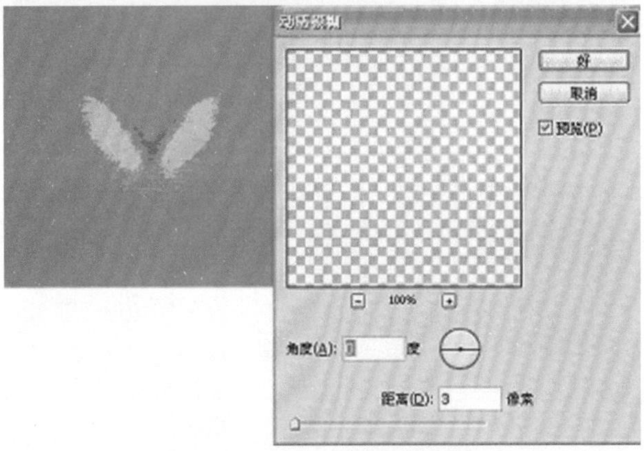

图5-96 “添加杂色”设置参数

13.框选制作好的单独针织花纹，使用快捷键【Alt】+【Shift】+移动工具，反复复制成一组纵向针织花纹，再将该组纵向针织花纹反复复制，完成效果如图5-97所示。

图5-97 针织花纹反复复制效果

14.为了突出底色与针织花纹的色彩明暗对比，执行【图像】\【调整】\【亮度/对比度】命令，“亮度/对比度”对话框中设置参数及效果如图5-98所示。

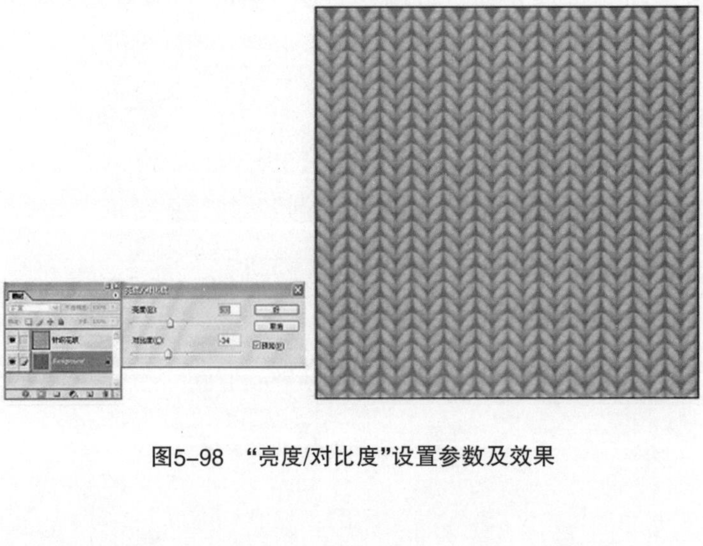

图5-98 “亮度/对比度”设置参数及效果

15.为了进一步突出针织面料底色的毛感，分别执行【滤镜】\【杂色】\【添加杂色】和【滤镜】\【模糊】\【动感模糊】命令，设置参数如图5-99所示。

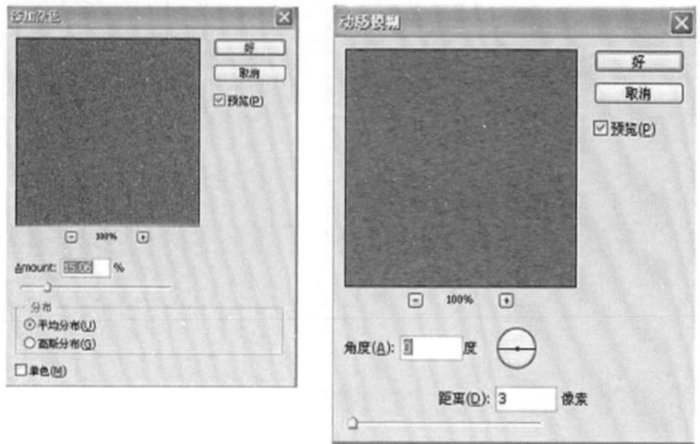

图5-99 “添加杂色”、“动感模糊”设置参数

16.完成效果如图5-100所示。

图5-100 完成效果

17.为了进一步突出针织面料花纹的毛感，执行【滤镜】\【杂色】\【添加杂色】命令，设置参数及效果如图5-101所示。

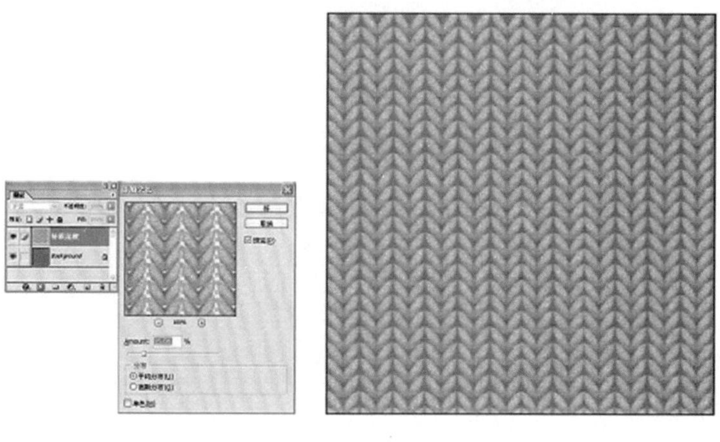

图5-101 “添加杂色”设置参数及效果

18.执行【滤镜】\【模糊】\【动感模糊】命令，设置参数及效果如图5-102所示。

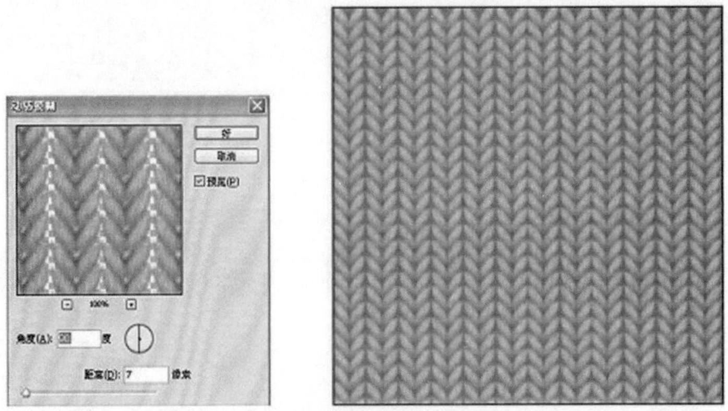

图5-102 “动感模糊”设置参数及效果

19.同一组织不同色彩的系列针织面料设计，可以通过合并图层使用菜单栏【图像】\【调整】\【色相/饱和度】命令来实现，“色相/饱和度”参数可进行分别设置，如图5-103所示。

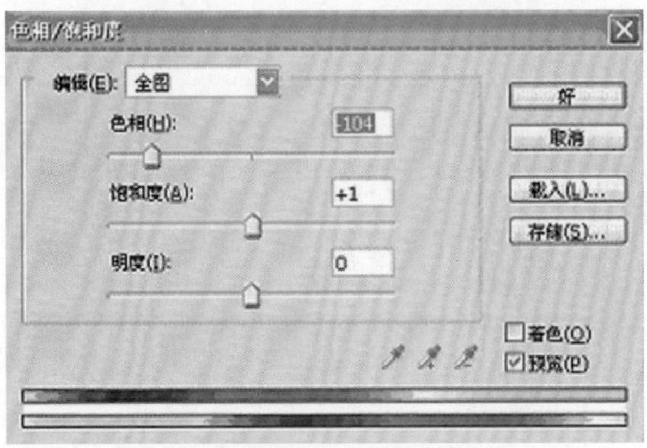

图5-103 “色相/饱和度”参数设置

20.同一组织不同色彩的系列针织面料设计变化效果如图5-104所示。

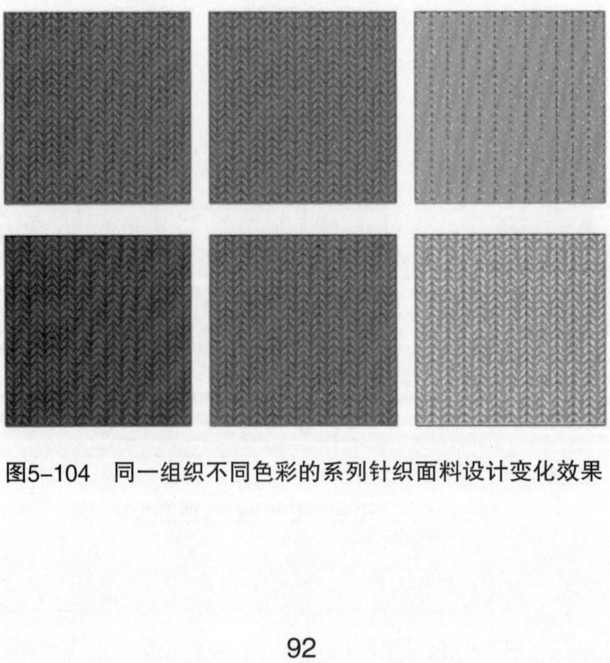

图5-104 同一组织不同色彩的系列针织面料设计变化效果

5.4 针织提花面料设计

5.4.1 实例效果（提花效果的表现）

图5–105 提花针织面料效果

5.4.2 制作方法

1.打开Photoshop CS软件，执行菜单栏中的【文件】\【新建】命令，或使用【Ctrl】+【N】组合快捷键，设定纸张大小为20cm×20cm，并使用【Ctrl】+【R】显示标尺，将辅助线拖至适当位置，如图5–106所示。

2.按【D】键或工具箱中的复原默认前景色和背景色按钮，使前景色和背景色为默认的黑色和白色，将图案背景填充为黑色，效果如图5–107所示。

3.单击工具箱中的钢笔工具，大致画出针织单位图形的路径，并调整使轮廓线条到圆顺的位置，如图5–108所示。

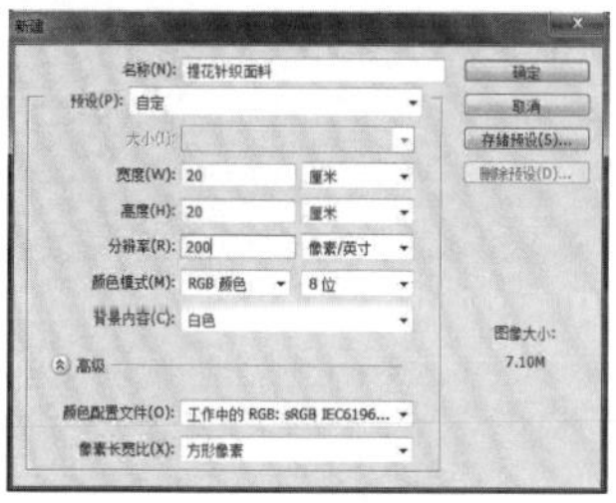

图5–106 新建文件

图5–107 背景填色设置为黑色

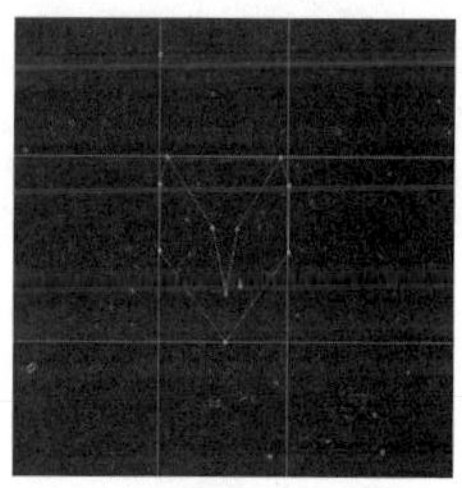

图5–108 针织单位图形绘制

4.将针织单位图形的路径变成选区，新建图层，用前景色为深兰色RGB值(18,35,81)进行填充，并单击渐变工具将填充后的针织单位图形进行立体渐变处理，如图5–109所示。

5.鼠标框选针织单位图形，隐藏黑色背景图层，将针织单位图形定义为填充图案，新建图层，按【Ctrl】+【A】选择全部画面，执行【编辑】\【填空图案】，将单元针织图形填充全部画面，填充效果如图5–110所示。

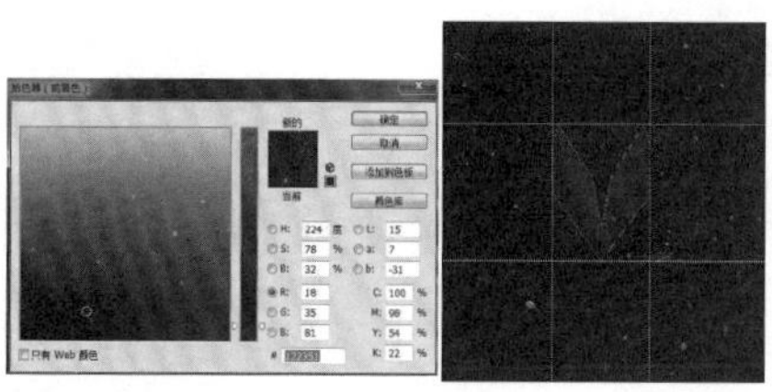

图5–109 针织单位图形填色并进行立体处理

图5–110 全部画面填空图案

6.新建图层，垂直复制3个针织单位图形做为提花图案，分别用前景色为红色RGB值(177，16，24)和白色进行填充，并将填充后的针织单位图形进行简单立体渐变处理，如图5–111所示。

7.将红白组合的单元针织图形，进行反复错位复制，组成如图5–112所示的菱形提花图案。

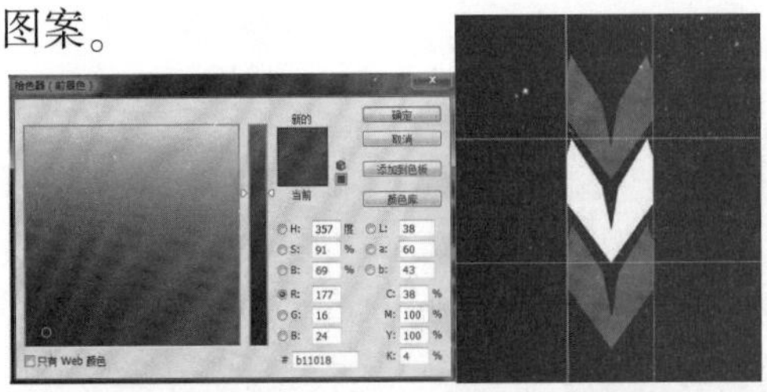

图5–111　提花针织图形颜色处理

图5–112　反复复制单元针织图形组成菱形提花图案

8.在菱形针织提花图案所在图层，按“CTRL+T”选择对象，将需要复制的菱形针织提花图案，复制移动到所需位置，回车确认，再按“CTRL+SHIFT+ALT+T”组合快捷键等距离水平复制菱形针织提花图案，效果如图5–1113所示。

9.新建图层，在上述菱形针织提花图案下方，使用红、白组合的单元针织图形，组合成“器”字形针织提花图案，如图5–114所示。

10.在“器”字形针织提花图案所在图层，按“CTRL+T”选择对象，将需要复制的“器”字形针织提花图案，复制移动到所需位置，回车确认，再按“CTRL+SHIFT+ALT+T”组合快捷键等距离水平复制，效果如图5–115所示。

图5–113　等距离水平复制菱形针织提花图案

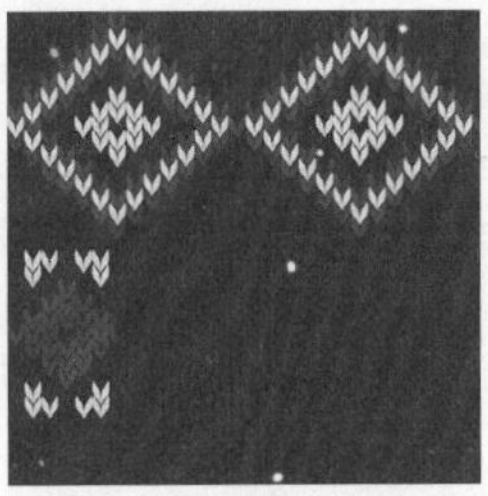

图5–114　组合成“器”字形针织提花图案

图5–115　等距离水平复制“器”字针织提花图案

11.新建图层，继续使用红、白组合的单元针织图形，组合成“工”字形针织提花图案，直到构成如图5–116的图案。

12.在“工”字形提花图案所在图层，按“CTRL+T”选择对象，将需要复制的“工”字形针织提花图案，复制移动到所需位置，回车确认，再按“CTRL+SHIFT+ALT+T”组合快捷键等距离水平复制，效果如图5–117所示。

13.回到最上一排菱形针织提花图案所在图层，将最上一排菱形针织提花图案复制、粘贴到如图5–118的位置。

图5–116　“工”字形针织提花图案

图5–117　等距离水平复制“工”字形提花图案

图5–118　复制、粘贴菱形针织提花图案

14.在复制后的一排菱形针织提花图案的上下、左右空白位置，完成三角形白色针织提花图案的等距离水平复制，直到覆盖左右整个画布，效果如图5-119所示。

15.新建图层，继续选中红、白两种单位针织花型，组合成“V”字型针织提花图案，再进行等距离水平复制，直到覆盖左右整个画布，效果如图5-120所示。

16.回到最上一排菱形针织提花图案所在图层，将最上一排菱形针织提花图案复制、粘贴到底端如图5-121的位置。

图5-119　三角形白色针织提花图案的等距离水平复制

图5-120　“V”字形针织提花图案等距离水平复制

图5-121　菱形针织提花图案复制、粘贴复制、粘贴到下方

17.执行菜单栏中的“滤镜”/“杂色”/“添加杂点”命令，弹出“添加杂点”对话框，并设置各项参数，按“预览”键预览杂点效果，按“确定”完成杂点添加。效果如图5-122所示。

18.为了增加曾面料的毛绒感，执行菜单栏中的“滤镜”/“模糊”/“动感模糊”命令，弹出“动感模糊”对话框，并设置各项参数，按“预览”键预览效果，按“确定”完成质感添加。效果如图5-123所示。

图5-122　添加杂点设置

图5-123　动感模糊设置

19.针织提花面料最终完成效果如图5-124所示。

图5-124　针织提花面料最终效果

5.5　印花面料设计

1.打开Photoshop CS软件，新建一个文件，文件名为“印花面料”，图像大小设置为10cm×10cm，RGB模式，分辨率200dpi，白色背景，如图5-125所示。

图5-125　新建文件

2. 单击前景色窗口，设置前景色为RGB (130,202,156) 的淡绿色，并使用【Alt】+【Backspace】组合键给背景填充，如图5-126所示。

图5-126　设置前景色给背景填充

3.单击前景色窗口，在弹出的拾色器窗口设置前景色为RGB(255,247,153)的淡黄色，新建名为“花纹”的图层如图5-127所示。

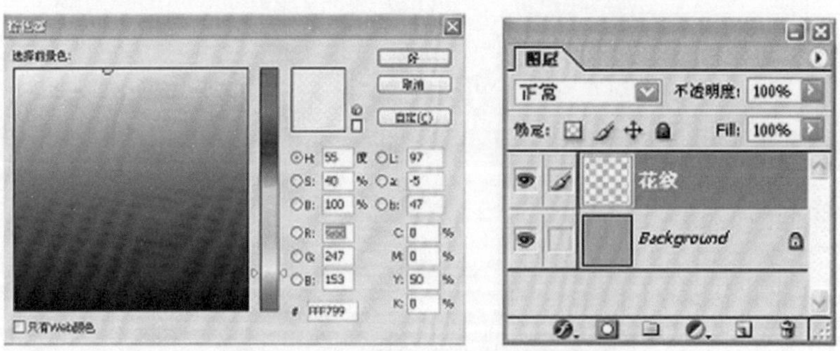

图5-127　设置前景色并新建图层

4.使用自定形状工具 ，在形状(H)窗口下拉菜单中载入所有Photoshop CS自带的所有形状，如图5-128所示。

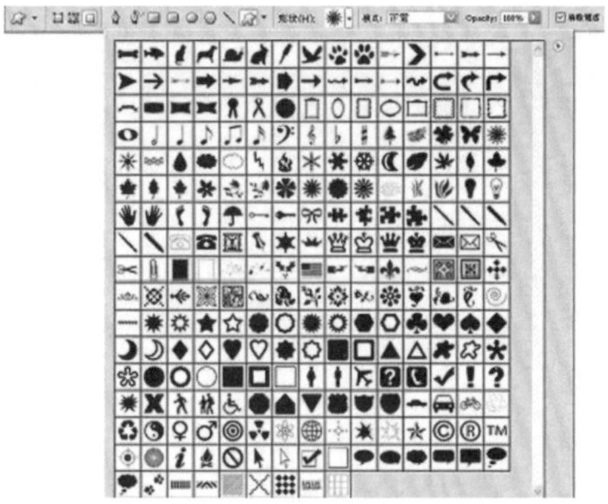

图5-128　载入自定形状

5.在展开的所有形状窗口中找到合适的形状如图5-129所示。

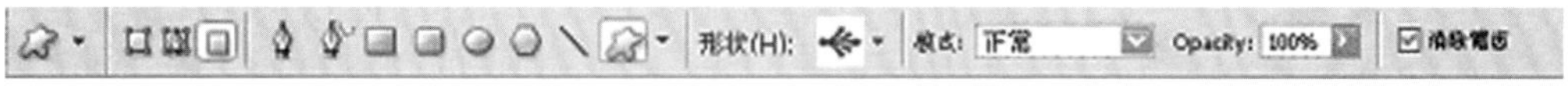

图5-129　选定形状

6. 使用上述自定形状工具 用鼠标左键随意花卉图形，并将该图形逆时针旋转90°，如图5-130所示。

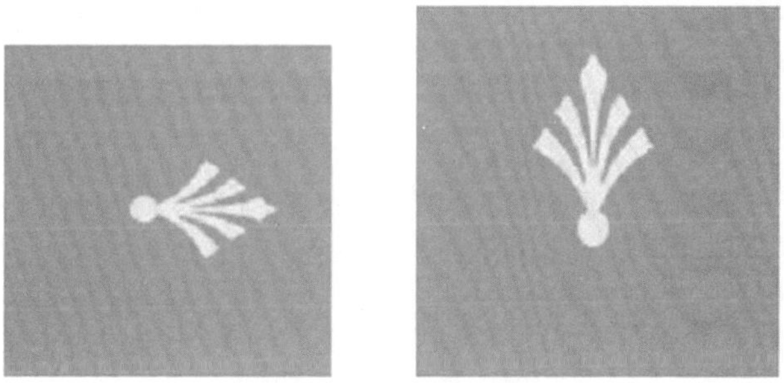

图5-130　花卉图形

7.按上述方法重新选择自定形状工具 的形状如图5-131所示。

图5-131　另外选定形状

8.新建图层，前景色保持不变，使用图5-131自定形状工具 ，用鼠标左键拉出另一图形，如图5-132所示。

图5-132　同心圆图形

9.运用工具箱移动工具将“花纹”图层和“图层1”的图形进行垂直方向中心对齐如图5-133所示。

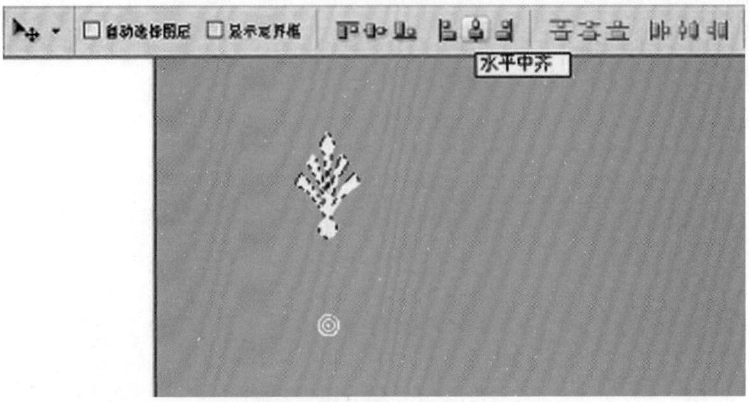

图5-133　图形对齐

10.将“图层1”向下合并，两个图形合并在一个图层中成组合图形，如图5-134所示。

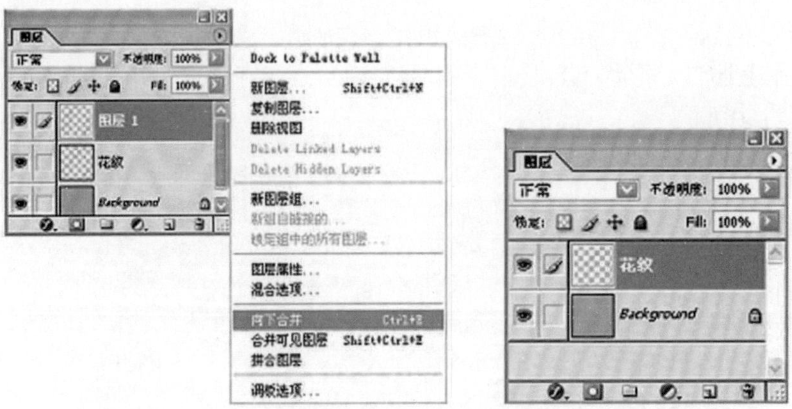

图5-134　向下合并图层

11.垂直方向复制一次组合图形，水平方向再将组合图形复制并错位平移，如图5-135所示。

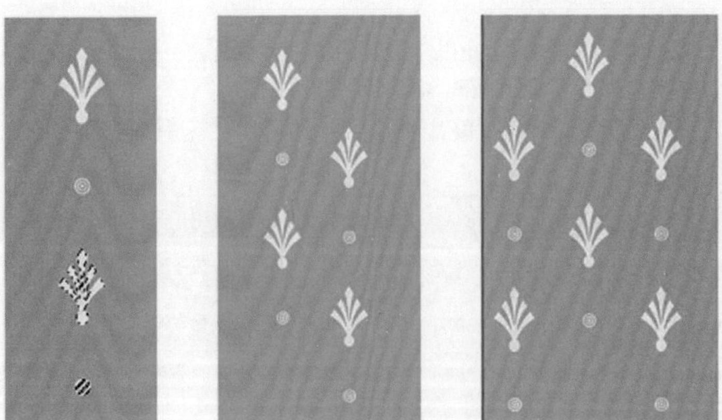

图5-135　复制组合图形

12.使用【Ctrl】+【R】显示标尺，用移动工具 拖出辅助线如图5-136所示。

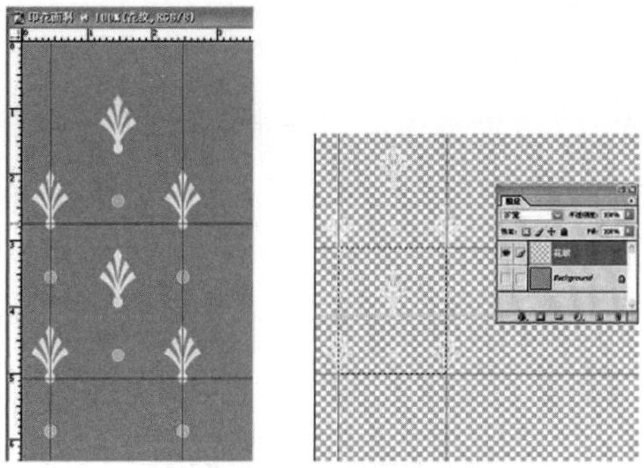

图5-136 辅助线设置

13.点击“Background”背景层前的眼睛符号使背景层隐藏，使用矩形框选工具紧贴辅助线，执行【编辑】\【定义图案】命令定义图案，并将图案名称定义为“印花图案”，如图5-137所示。

图5-137 定义图案

14.使用【Ctrl】+【A】组合键，将“花纹”图层全部选择，执行【编辑】\【填充】\【填充图案】命令，将定义的图案充满整个图层，选择菜单命令【图层】\【合并所有图层】，将所有图层合并，并将其转化为背景图层。至此，花布纹理的面料制作完毕，如图5-138所示。

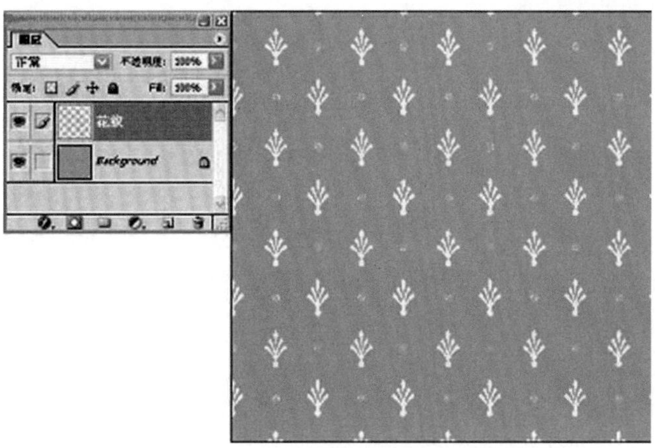

图5-138 填充图案效果

5.6 蕾丝面料设计

蕾丝面料的用途非常的广，有着浪漫气息的蕾丝面料，以其多变的风格，富有特色的花纹排列等特点，越来越多的出现于婚纱、外套、家居服、美体内衣等多种服装形式之中。蕾丝面料花型丰富的空间层次感和立体的外观效果，充分体现了女性柔美的气质并起到服饰装饰的作用。蕾丝的网状组织的材质特点，使其成为现代服装设计中的一个典型的装饰元素。

5.6.1 实例效果

图5-139 蕾丝面料实例

5.6.2 制作方法

1.打开Photoshop CS软件，执行菜单栏中的【文件】\【新建】命令，或使用【Ctrl】+【N】组合快捷键，设定纸张大小为20cm×20cm，如图5-140所示。

2.选择钢笔工具，大致画出单位蕾丝花型，选择钢笔工具的各项工具将每个花型进行调整，使轮廓线条到圆顺的位置，如图5-141所示。必须注意的是：所有的曲线是封闭路径或相互重叠，以便于其后期填色及填充纹理贴图处理。勾好单位蕾丝花型的封闭路径后，新建图层，使用铅笔工具对路径进行描边，得到单位蕾丝花型的勾线图如图5-141所示。

3.复制单位蕾丝花型的图层，并进行水平翻转、对齐，形成对称的单位蕾丝花型，如图5-142所示。

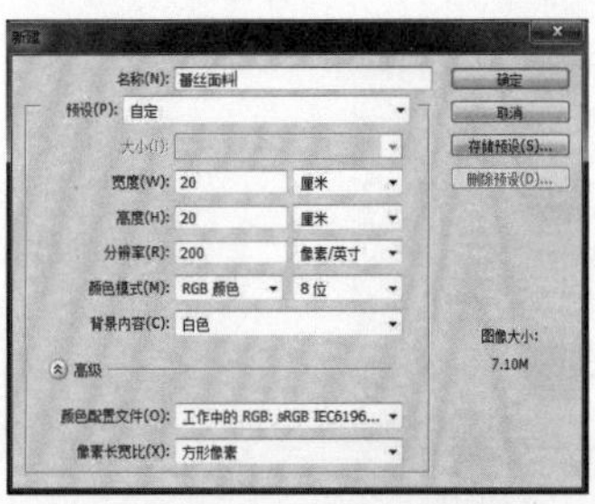

图5-140 新建“蕾丝面料”文件

图5-141 单位蕾丝花型的绘制

图5-142 对称的单位蕾丝花型

4.将对称的单位蕾丝花型再进行左右、上下复制、对齐，形成由四个对称的单位蕾丝花型组成的蕾丝图案勾线图，如图5-143所示。

5.创建网眼纱面料的填充图案。新建文件，设定纸张大小为200mm×200mm。按【D】键或工具箱中的复原默认前景色和背景色按钮，使前景色和背景色为默认的黑色和白色，执行【滤镜】\【纹理】\【染色玻璃】，“染色玻璃”对话框中设置参数如图5-144所示。

图5-143　蕾丝图案勾线图

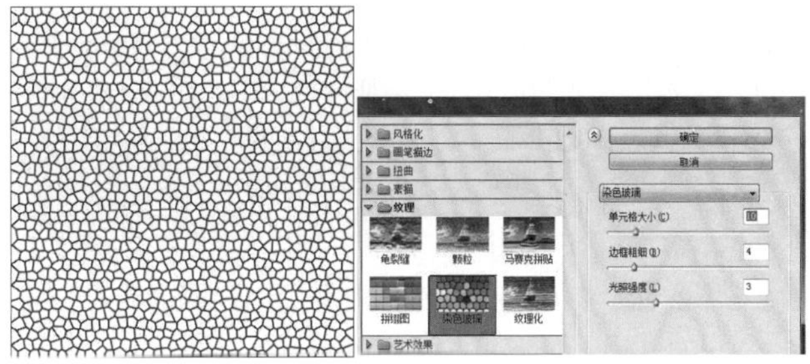

图5-144　创建网眼纱面料的填充图案

6.用魔棒工具，选择单位图形中的每一个封闭花型图案，新建图层，使用网眼纱面料进行填充，效果如图5-145所示。

7.创建网状直线底纹的填充图案。再次新建文件，设定纸张大小为200mm×200mm。网状直线底纹按【D】键或工具箱中的复原默认前景色和背景色按钮，使前景色和背景色为默认的黑色和白色，执行【滤镜】\【纹理】\【染色玻璃】，"染色玻璃"对话框中设置参数如图5-146所示。

图5-145　网眼纱面料的填充

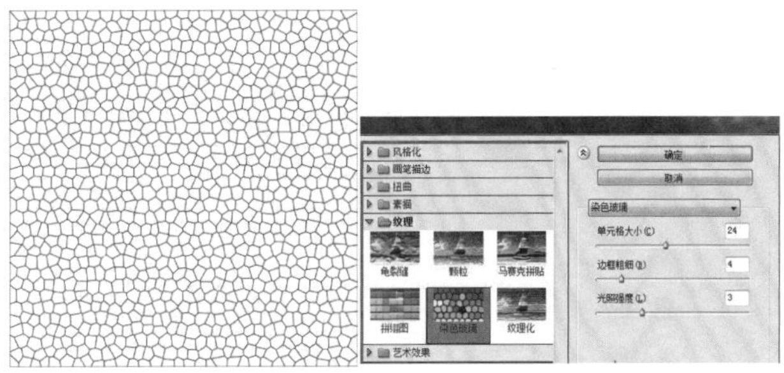

图5-146　创建网状直线底纹的填充图案

8.用魔棒工具，选择单位图形中的每一个空白的背景图形，新建图层，使用网状直线底纹进行填充，整体效果如图5-147所示。

图5-147　网状直线底纹进行填充的蕾丝面料绘制效果

练习与思考

1.梭织物与针织物的区别有哪些?

2.为了表现面料的质感,通常采用什么工具?

3.设计一块提花组织的面料。

4.设计一块针织面料。

5.设计一块扎染面料。

第6章　服装款式设计应用实例

6.1　相关知识介绍

服装款式设计图指体现服装款式造型的平面图。包括具体的各部位详细比例，服装内结构及装饰，一些服饰品的设计也可通过平面图加以刻画。服装款式由服装成品的外形轮廓、内部衣缝结构及相关附件的形状与安置部位等多种因素综合决定的，这种形式的设计图是服装专业人员必须掌握的基本技能，由于它绘画简单，易于掌握，是行业内表达服装样式的基本方法。服装结构线指在服装图样上，表示服装部件裁剪、缝纫结构变化的线。服装款式设计图应准确工整，各部位比例形态要符合服装的尺寸规格，款式平面图的绘制形式有两种：第一种用直线均匀勾画，线条粗细统一，严谨规范。另一种，粗细线条交错使用，同时可以在款式图上略加灰色，形成黑、白、灰的三种调子，增添款式图的艺术效果。使用工具有铅笔、钢笔、针管笔。如在绘制时难以确保线条直顺，可采用尺子作为辅助工具，达到线条准确平直。

6.2　服装款式设计

6.2.1　线描稿

1.打开Photoshop CS软件，新建一个文件，文件名为“上衣结构图”，图像大小设置为10cm×10cm，RGB颜色模式，分辨率200dpi，白色背景，如图6–1所示。

图6–1　新建文件

2.选择工具箱的钢笔工具，设置选项如图6–2所示。

图6–2　钢笔工具选项栏

3.使用【Ctrl】+【R】显示标尺，用移动工具拖出辅助线；用【钢笔工具】、【自由钢笔工具】分别完成上衣帽子、袖子、前衣身的大致的路径绘制，然后用【添加锚点工具】或【删除锚点工具】或【转换点工具】修改，在转折点上面拉出调节杠杆，调动到圆顺的效果如图6–3所示。

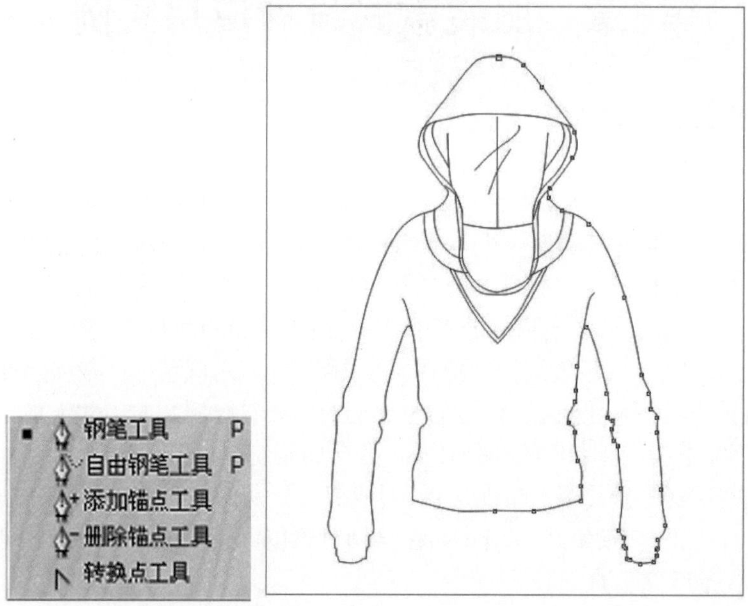

图6-3　领子、肩斜线、袖笼、袖子结构线

4.继续完成领口线、下摆、分割线、袖口等结构线的路径绘制，并用预设铅笔工具描边路径，如图6-4所示。

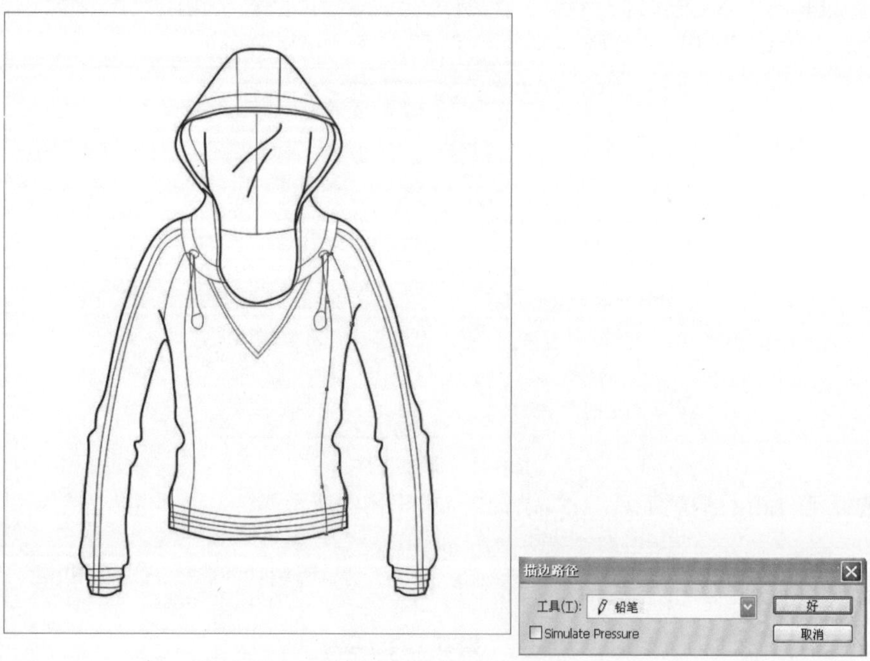

图6-4　领口线、下摆、分割线、袖口等的结构线

5.用【钢笔工具】、【自由钢笔工具】分别完成上衣身背面大致轮廓的路径绘制，效果如图6-5所示。

6.继续完成衣身背面下摆、分割线、袖口等的结构线的路径绘制，效果如图6-6所示。

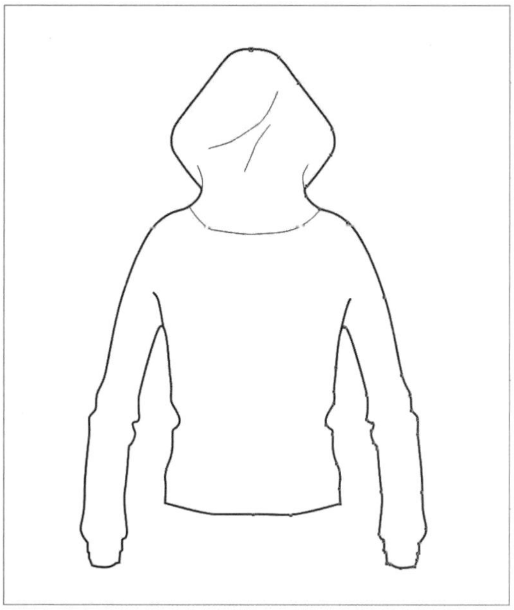

图6-5 上衣身背面大致轮廓的路径绘制

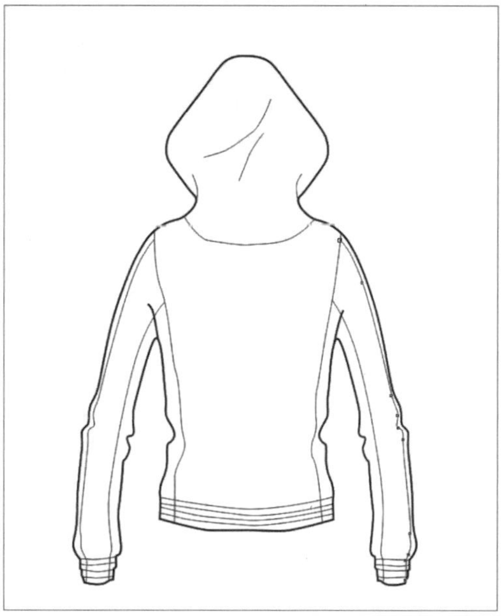

图6-6 衣身背面下摆、分割线、袖口等的结构线的路径绘制

7.用【钢笔工具】、【自由钢笔工具】分别完成裤子正面的大致轮廓的路径绘制，效果如图6-7所示。

8. 继续完成裤子背面分割线、腰部、裤脚口等的结构线的路径绘制，效果如图6-8所示。

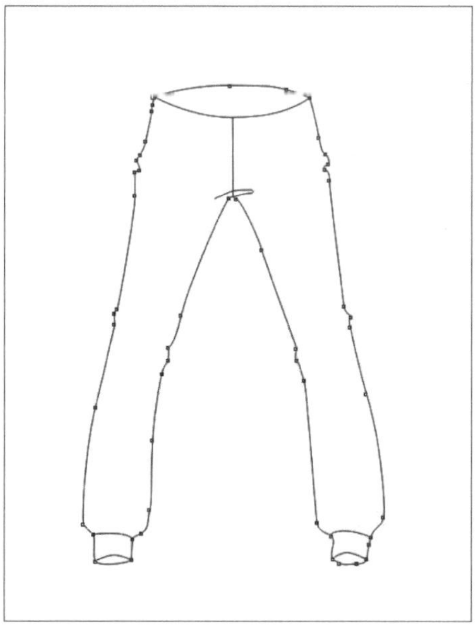

图6-7裤子正面大致轮廓的路径绘制图

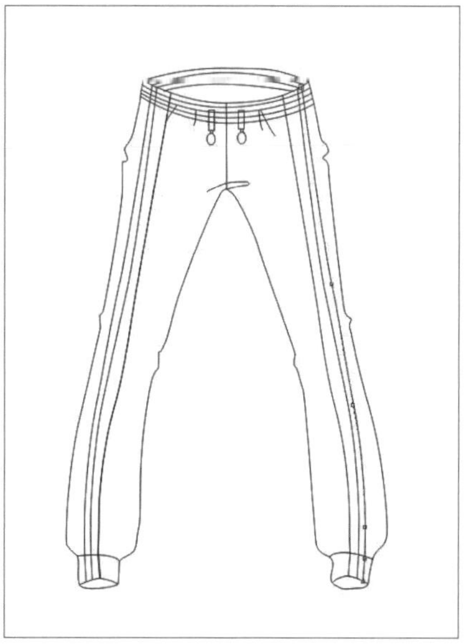

6-8 裤子背面分割线、腰部、裤脚口等的结构线的路径绘制

9.用【钢笔工具】、【自由钢笔工具】分别完成裤子正面的大致轮廓的路径绘制，效果如图6–9所示。

10. 继续完成裤子背面分割线、腰部、裤脚口等结构线的路径绘制，效果如图6–10所示。

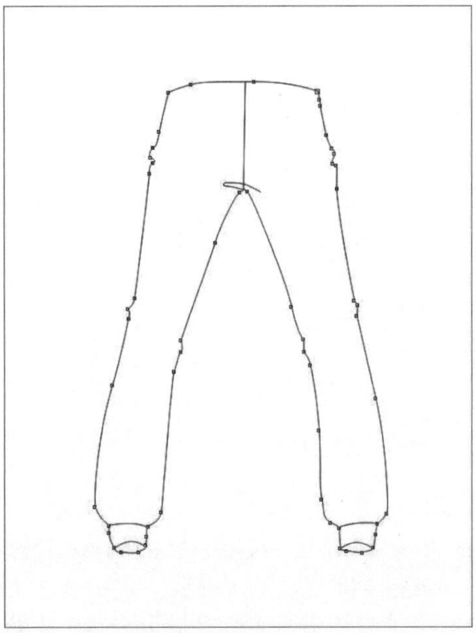

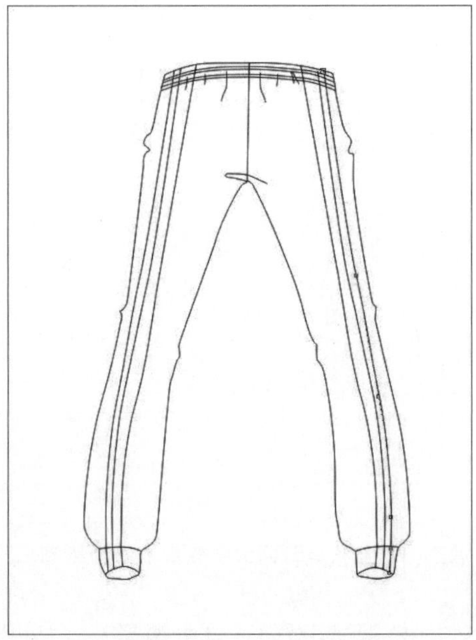

图6–9 裤子正面的大致轮廓的路径绘制图　6–10 裤子背面分割线、腰部、裤脚口等结构线的路径绘制

11.添加裤子分割线的装饰明线的绘制.新建图层，命名为“明线”，选择【画笔工具】，画笔预设参数如图6–11所示，使画笔预览框里的画笔形状呈虚线状。

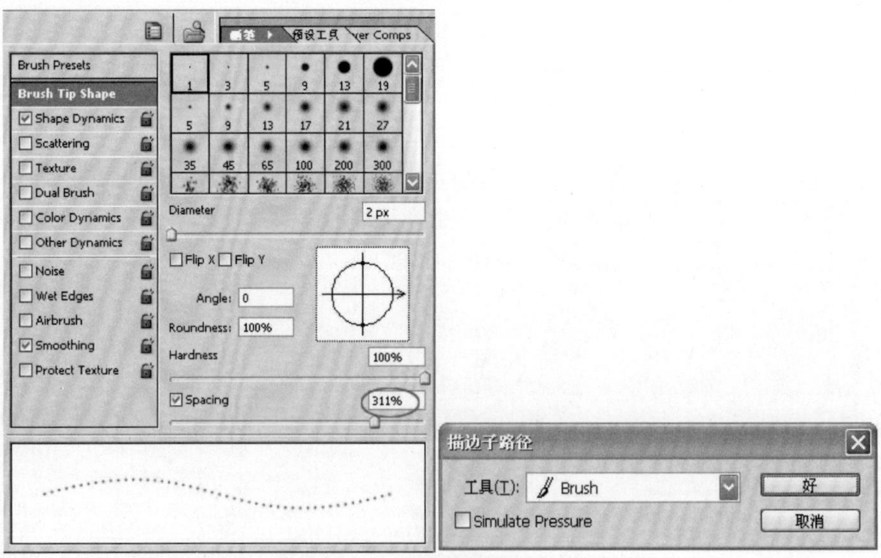

图6–11 画笔虚线预设

12.选中“明线”，右击鼠标，选择描边路径，在“描边路径”对话框中选择画笔工具描边，沿着路径绘制的虚线如图6–12所示。

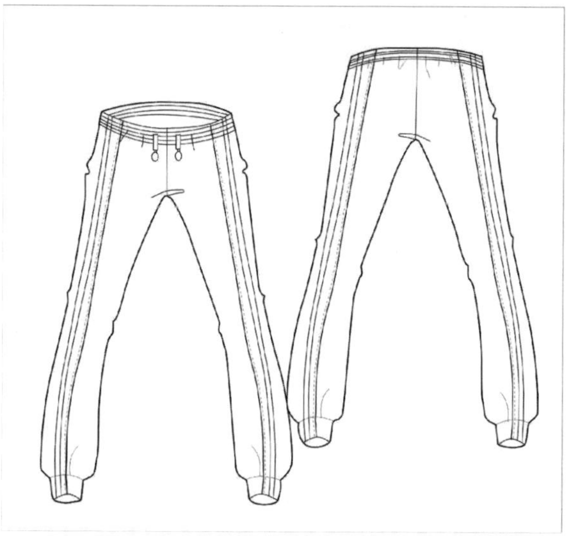

图6-12　裤子分割线的装饰明线的绘制效果

13.将绘制好的上衣与裤子进行组合、移动、排列，最后完成效果如图6-13所示。

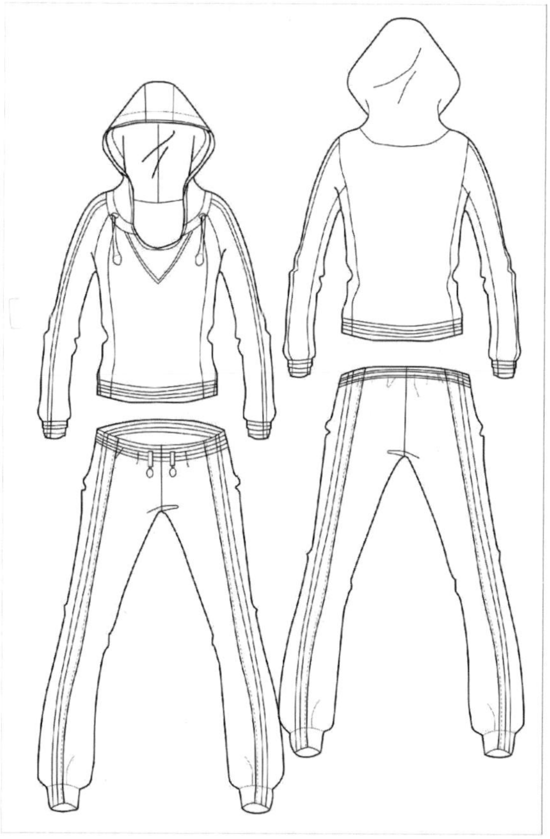

图6-13　款式图黑白稿

6.2.2 彩色稿

1.将画好的上衣款式图黑白稿（背景层）进行“图层复制”，得到“背景副本”图层，并将“背景副本”的图层属性改为“正片叠底”模式，如图6-14所示。

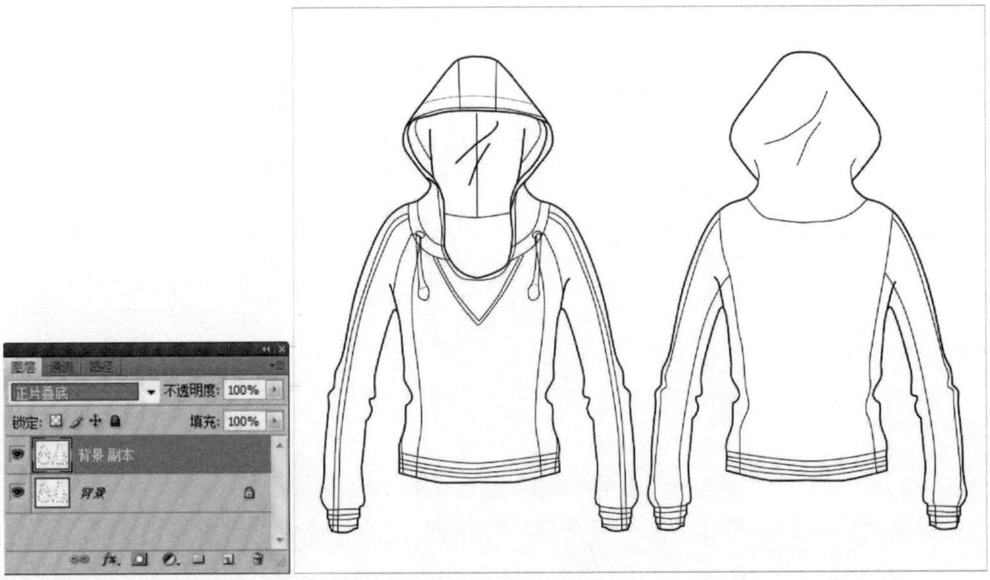

图6-14 将“背景副本”的图层属性改为“正片叠底”模式

2.设置前景色为RGB(253,221,244)，用油漆桶工具在背景层上给上衣款式图进行填色，参数设置及填色效果如图6-15所示。

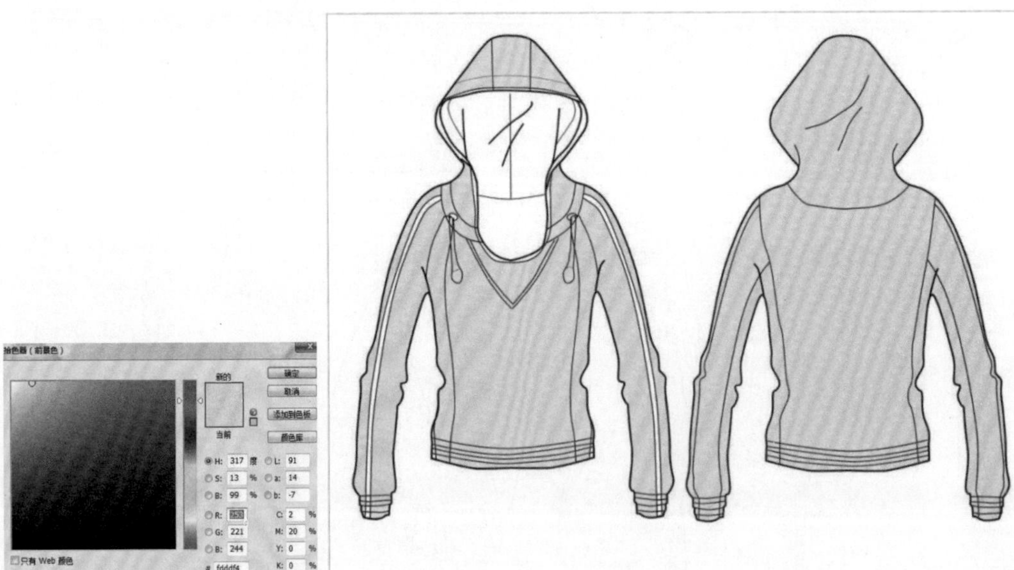

图6-15彩色上衣款式图

3.设置前景色为RGB(1,169,232)，用油漆桶工具在背景层上帽里、上衣里子进行填色，参数设置及效果如图6-16所示。

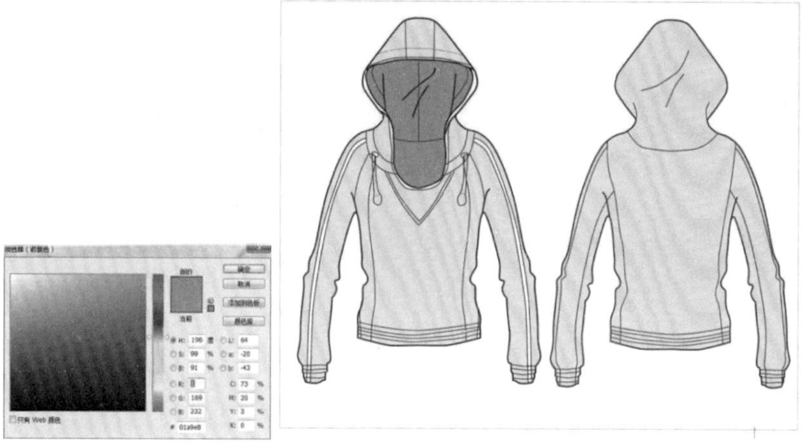

图6–16　里子进行填色款式图

4.分别给上衣前、后衣片加上装饰图案。打开上衣前衣片装饰图案A、装饰图案B如图6–17所示。

图6–17　装饰图案A、装饰图案B

5.使用移动工具分别将装饰图案A、装饰图案B直接拖到彩色上衣款式图窗口中，调整装饰图案的大小至合适位置，效果如图6–18所示。

图6–18　给上衣前、后衣片加上装饰图案

6.将画好的裤子款式图黑白稿(背景层)进行“图层复制”,得到 “背景副本”图层,并将“背景副本”的图层属性改为“正片叠底”模式,如图6-19所示。

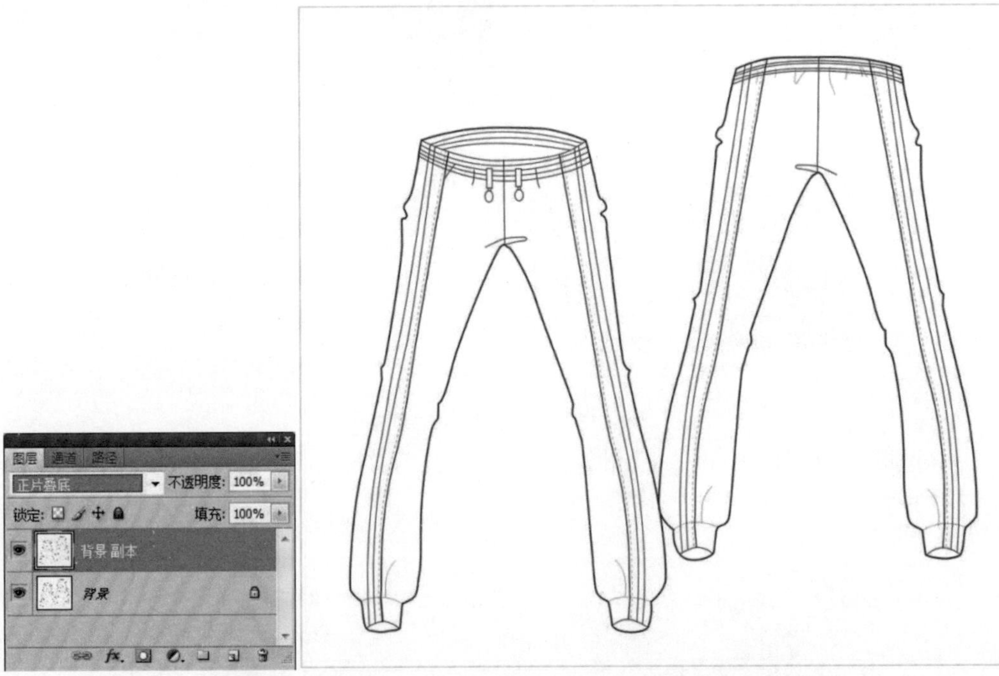

图6-19　将“背景副本”的图层属性改为“正片叠底”模式

7.设置前景色为RGB(1,169,232),用油漆桶工具在背景层上给上衣款式图进行填色,参数设置及填色效果如图6-20所示。

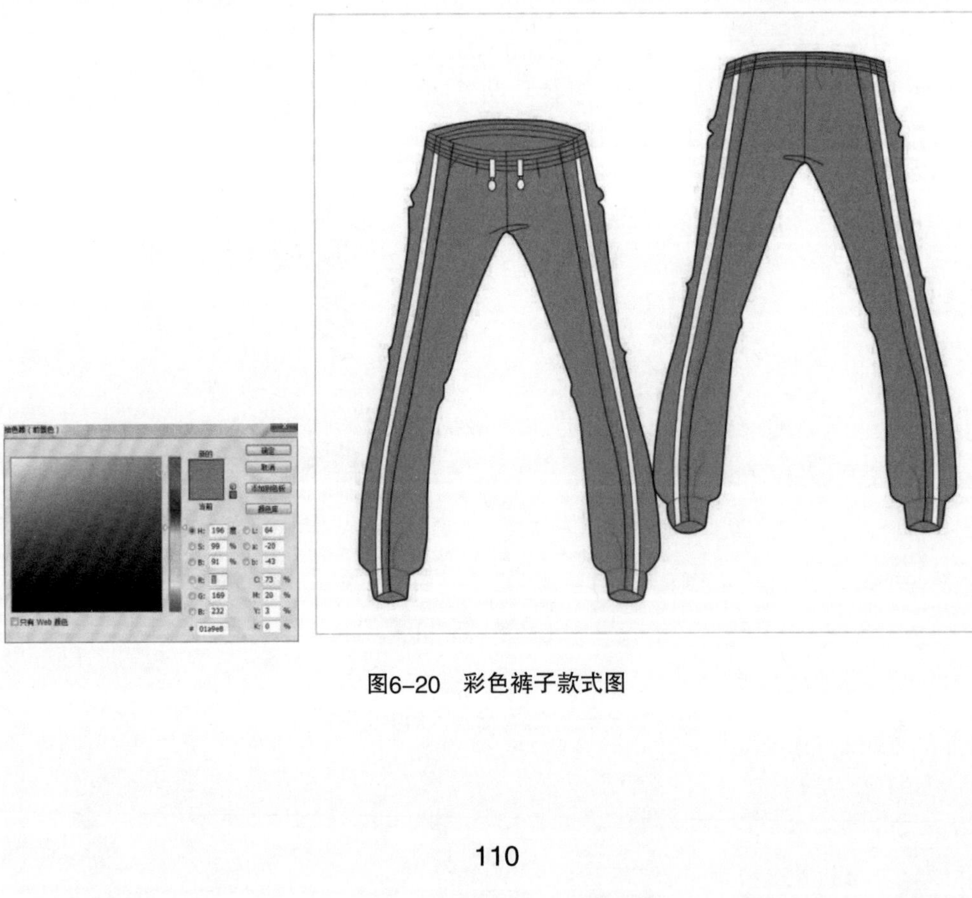

图6-20　彩色裤子款式图

8.将绘制好的彩色上衣与裤子款式图进行组合、移动、排列，最后完成效果如图6-21所示。

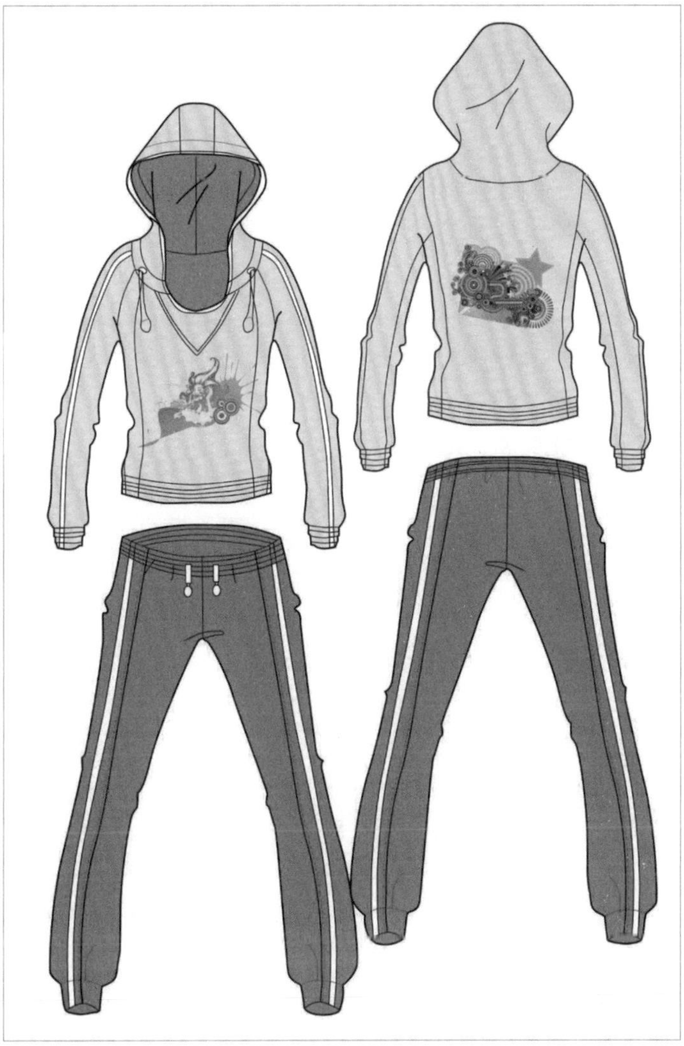

图6-21 彩色款式图

练习与思考

1.阐述服装款式设计的定义。

2.设计一套时尚女装的款式设计。

3.设计一件男式皮夹克的款式设计。

4.设计一件牛仔裤的款式设计。

第7章　服装结构设计应用实例

7.1　相关知识介绍

服装结构设计即用曲、直、斜、弧线等特殊图线及符号将服装款式造型分解展开成平面裁剪的方法。国内流行的裁剪制图方法主要有中国比例裁剪法和日本原型裁剪法。

服装结构设计包括服装外形结构及服装部件或零部件组合形式等内容。如：前、后片是收腰还是宽腰，是收省还是分割；衣领是立领还是关门领，是翻领还是西服领；衣袖是圆装袖还是插肩袖，是连袖还是独立袖；门襟部位是否单排扣、双排扣、双襟、偏襟、半襟、通开襟、正开襟、偏开襟、插肩开襟、明门襟、暗门襟，是绢止口还是无绢止口结构；在袋形中是否贴袋、开贴袋、插袋、挖袋等；以及后片做缝与不做缝，开后衩与无衩等。凡在服装外形直接能观察到的部件特征，均属于款式的特点。

裁剪图上的图线根据粗细分为两大类：一类是细线（包括制图辅助线、尺寸标注线、等分线等）；另一类是粗实线（表示裁剪制作的结构线）。根据国家标准细线的粗细为0.2~0.3cm；粗线粗细为0.6~0.9cm。

7.2　服装结构设计应用举例

所谓服装原型，即以人体为本，加上基本放量制成纸样，然后根据款式变化的需要在纸样上加、收缩即可得到各种新款的服装。服装原型的最大优点是变化相当灵活，也好学易懂，特别适应女装的变化，对于同一个穿者，只要有了一个原型，即可变出各种款式的内衣、外衣、西装、大衣等。国际上的平面裁剪大都采用原型裁剪。

原型裁剪法的测量部位是：常见的日本文化式只需测量胸围、背长、袖长三个尺寸。细部尺寸则以胸围尺寸为基础而求得。

7.2.1　上衣制图尺寸

单位：cm

胸　围	背　长	袖　长
84	37.5	53

7.2.2　几个公式

单位：cm

袖 笼 深	前 胸 宽	后 背 宽	后 领 宽
B/6+7	B/6+3	B/6+4.5	B/20+2.7

7.2.3　女装原型结构设计应用举例

1.在画基础线之前，首先预设Photoshop界面的单位，选取【编辑】\【预设】【单位与标尺】，设置标尺单位为厘米；Print Resolution为200dpi；Screen Resolution为72dpi；如图7–1所示。

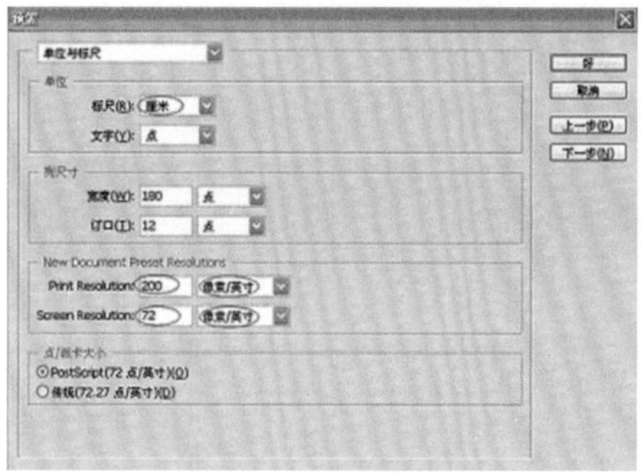

图7-1　预设界面

2.使用【Ctrl】+【N】组合键新建一个图名为“女装原型”的空白文件，其参数设置为宽度：10cm；高度：10cm；分辩率：150dpi；图像格式为RGB模式，如图7-2所示。

图7-2　新建文件

3.使用矩形选框工具建立一个“ABCD”柜形，CD的尺寸是1/2B+5（放松量）；AC的尺寸是背长。具体数值参照信息面板的W及H值，如图7-3所示。

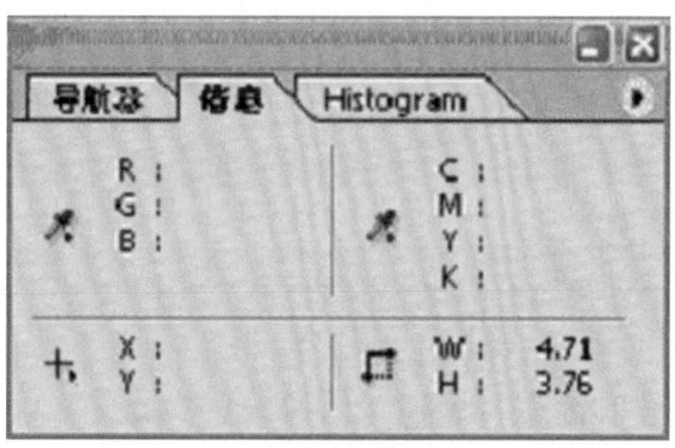

图7-3　信息面板的W及H值

4.使用菜单栏【编辑】\【描边】工具对框选柜形进行描边，设置参数如图7-4所示。

图7-4　描边设置参数

5.依次为矩形四个角注上A、B、C、D，如图7-5所示。

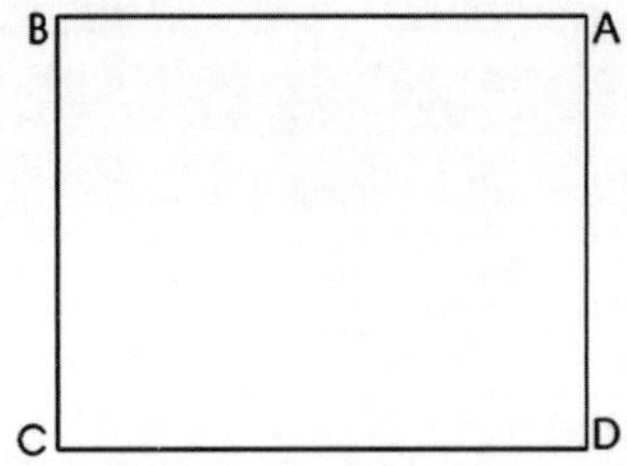

图7-5　ABCD矩形

6.从A点往下量1/6B+7cm即为袖笼深位置，并用工具条面板直线工具，设置参数:粗细1px；并分别在箭头起点及终点前方框内勾选，如图7-6所示。

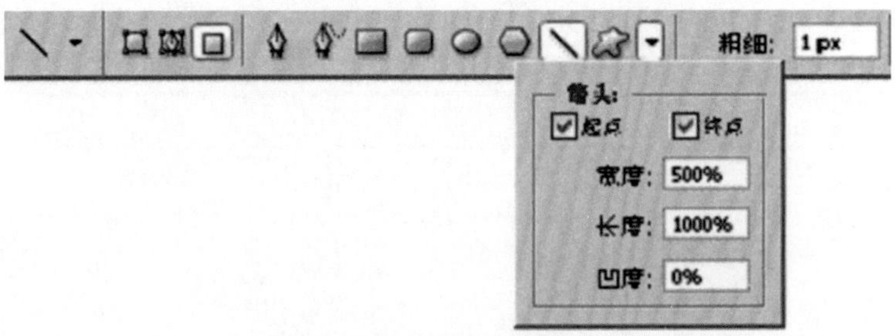

图7-6　直线工具设置参数

7.分别用上述设置直线工具对所画矩形进行尺寸标注，如图7-7所示。

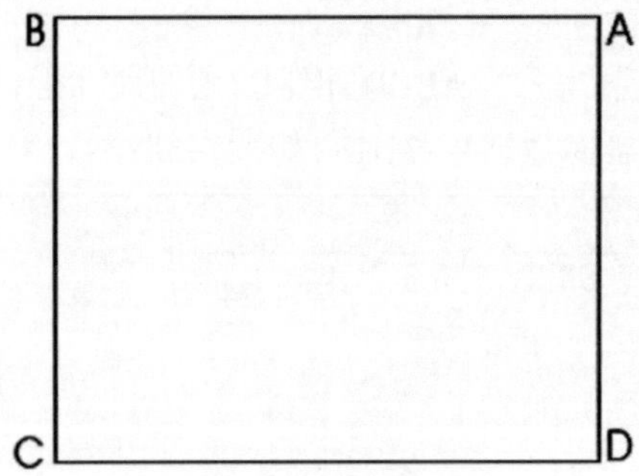

图7-7　矩形尺寸标注

8.用【Ctrl】+【Shift】+【N】组合键，新建一个名称为“虚线”（等分线）的图层，如图7-8所示。

图7-8　新建图层

9.在“虚线”图层上用【椭圆选框工具】设置虚线描边，在胸围线上等分后移0.5cm向下引一垂直线，为腋下线，如图7-9所示。

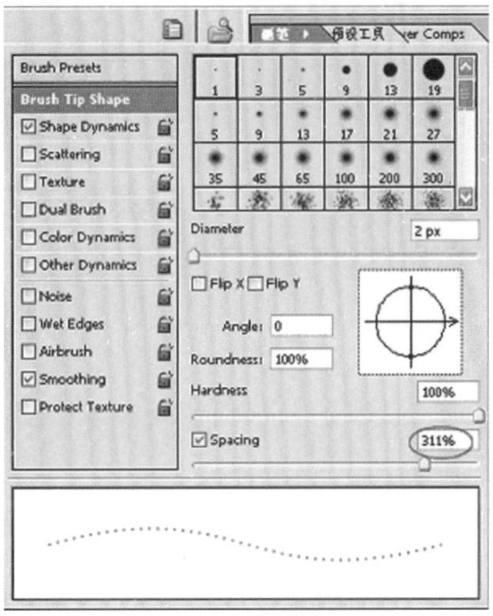

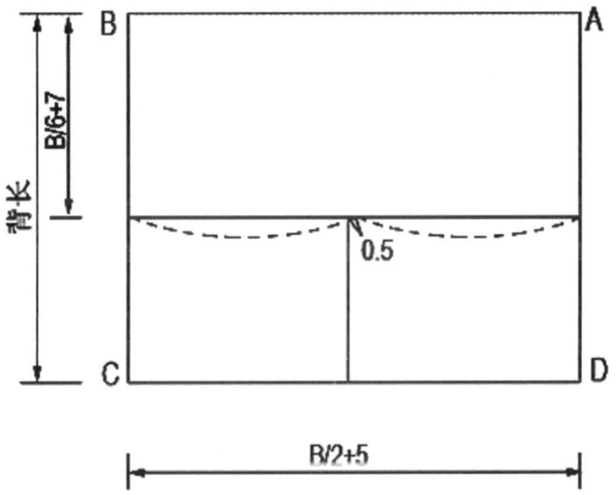

图7-9　画腋下线

10.使用【Ctrl】+【Shift】+【N】组合键，新建一个名称为“弧线标注”的图层，如图7-10所示。

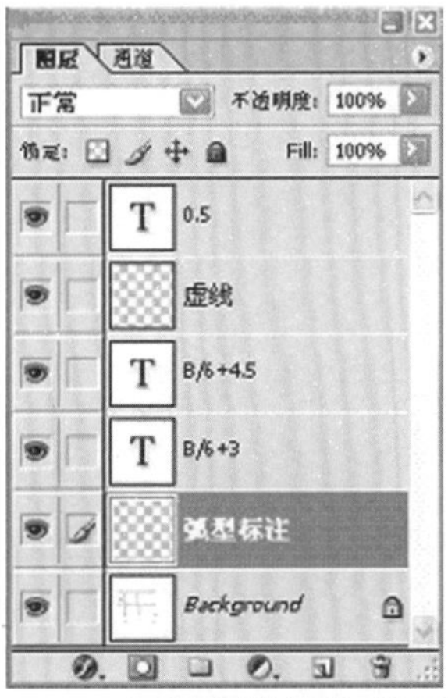

图7-10　新建“弧线标注”的图层

11.在胸围线左侧量取B/6+4.5cm，并作垂线，即为背宽线；在胸围线右侧量取B/6+3cm，并作垂线，为胸宽线，如图7–11所示。

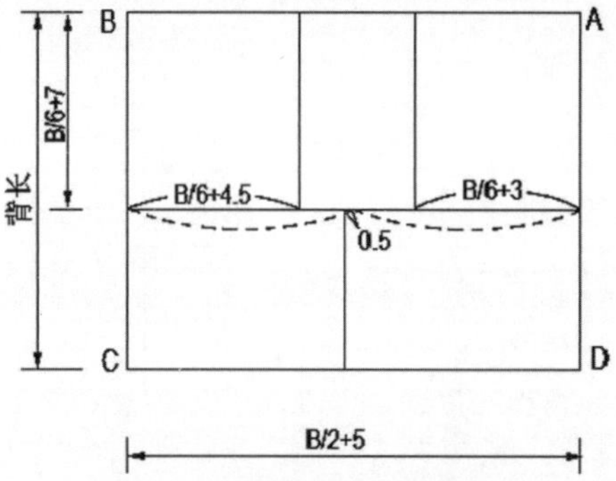

图7–11　画背宽线、胸宽线

12.使用【Ctrl】+【Shift】+【N】组合键，新建一个名称为"领口弧线"的图层，如图7–12所示。

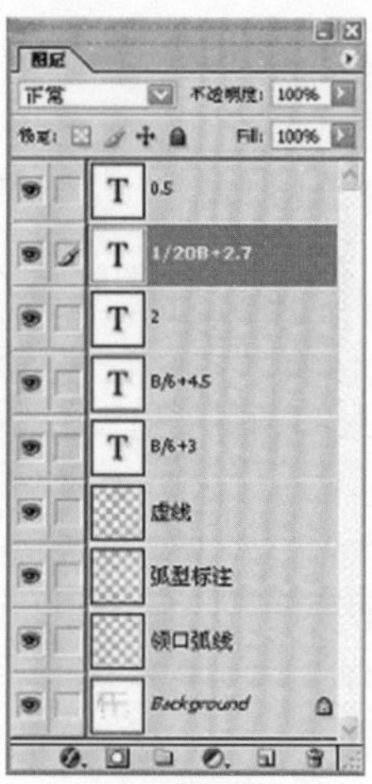

图7–12　新建"领口弧线"的图层

13.后领宽为1/20B+2.7cm，后领高为后领宽的1/3，并用【描边工具】画出后领口弧线，后片肩斜线低于基础线AB后领高的长度，后片肩端点的位置再由背宽线水平外移2cm，用【直线工具】连接颈肩点和肩端点为后片肩斜线，如图7–13所示。

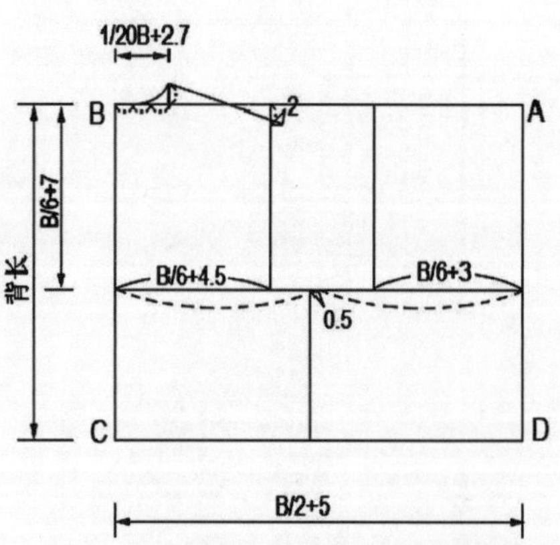

图7–13　画后领圈弧线及后肩斜线

14. 前领口宽等于后领口宽，前领口深等于后领口宽+1cm，前颈肩点低于基础线AB0.5cm，用【椭圆选框工具】描边，画出前领口弧线；前片肩斜线比后片肩斜线的倾斜度大一倍，前片肩斜线长度比后片肩斜线长度短1.7cm(因后片有收肩省量)，如图7-14所示。

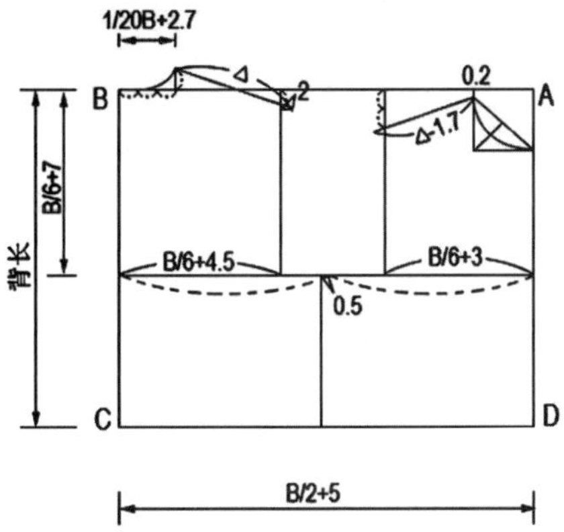

图7-14　画前领圈弧线及前肩斜线

15.使用【Ctrl】+【Shift】+【N】组合键，新建一个名称为“袖笼弧线”的图层，如图7-15所示。

图7-15　新建“袖笼弧线”的图层

16.使用【椭圆框选工具】描边，画出袖笼弧线，如图7-16所示。

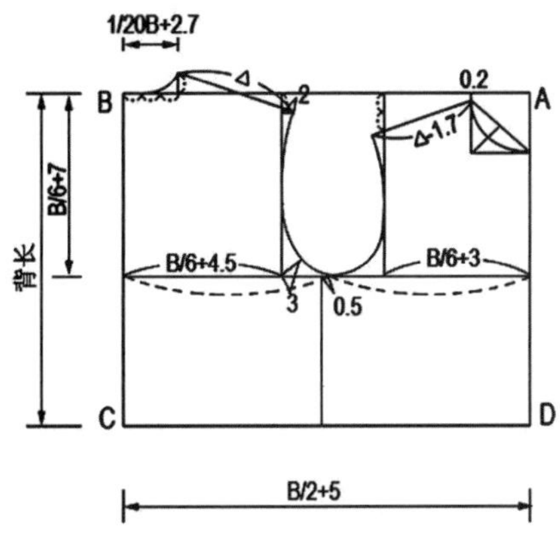

图7-16　画袖笼弧线

17.BP点（乳点）位于胸宽线的中间向袖笼方向移0.7cm，然后向下画垂直线，垂直线的上端向下移4cm定一点，即BP点的位置；为适合胸部突起，D点从前中心线向下延长1/2领宽，向左画水平线至BP点的延长线；侧缝线为垂直线向后移2cm，连成斜线，如图7–17所示。

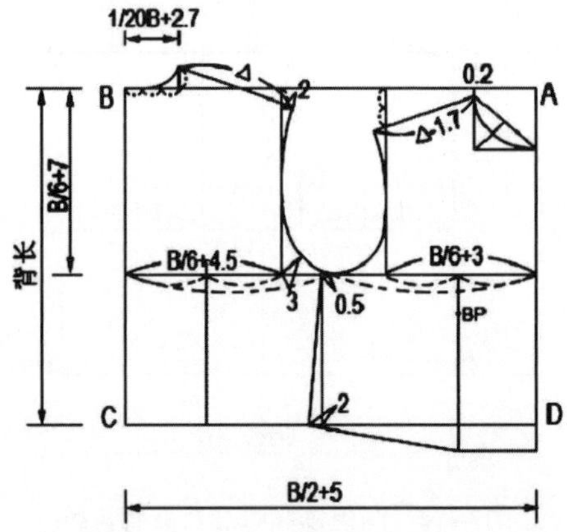

图7–17　画下摆线、侧缝线

18.前胸省：自BP点的垂直线为中心向前中心线移1.5cm，向侧缝线移6.5cm，将移动所得的两个点与BP点相联接为前胸省；后腰省：后背宽的1/2处向下画垂直线，并向上延长2cm，为后腰省尖点，以垂直线为中心向左右各移2cm，与后腰省尖点连接为后腰省，如图7–18所示。

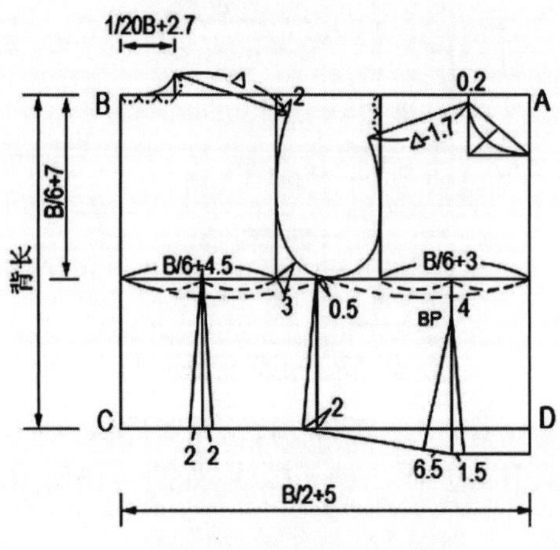

图7–18　画省位及大小

练习与思考

1.阐述服装结构设计的定义。

2.完成一套女装的结构设计图。

第8章　服饰配件设计应用实例

8.1　相关知识介绍

8.1.1　服饰配件的概念及基本知识

服饰，有广义和狭义之分。广义的服饰泛指装饰人体的物品总称，包括衣、裤、鞋、帽、袜、巾、首饰、箱包以及各种配件、饰品；狭义的服饰仅指服装以外的各种服装配件和饰品。服饰配件包括五大基本要素：面料、款式、色彩色调、加工工艺与价位。

8.1.2　服饰配件的分类

服饰配件的种类很多，一般按服饰装饰的部位分为鞋、帽、首饰挂件、包类、围巾、领带、各种配件、饰品等。

8.2　钮扣的设计

在服装效果图的表现中，钮扣不仅有它的功能性作用，而且无论是造型，还是色彩，对衣服都起到“锦上添花”的点缀作用。

钮扣分“扣钮”和“看钮”两种。扣钮在于扣合衣服，看钮则用于衣服的装饰点缀。

8.2.1　聚酯钮扣

1.打开Photoshop CS软件，新建一个文件，文件名为“聚酯钮扣”，图像大小设置为10cm×10cm，RGB模式，分辨率200dpi，白色背景，如图8-1所示。

图8-1　新建文件

2.新建名“外圆”的图层，使用【Ctrl】+【R】显示标尺，用移动工具拖出辅助线如图8-2所示。

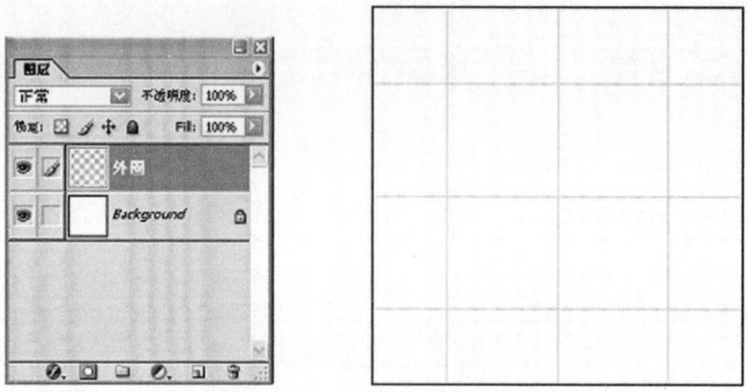

图8-2　新建图层、设置辅助线

3.点击前景色窗口，弹出拾色器面板，设置前景色为RGB（215，215，215）的30%灰色，选用椭圆工具，按住【Shift】键绘制一正圆形，填充前景色，如图8-3所示。

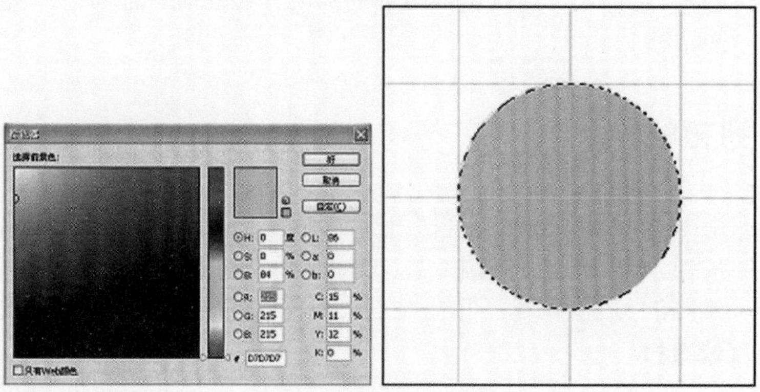

图8-3　填充前景色

4.使用工具箱渐变工具，参数设置如图8-4所示。

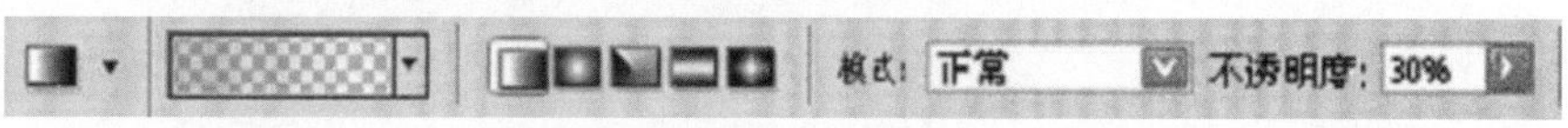

图8-4　渐变工具参数设置

5.按住【Shift】键，从左至右拖动鼠标进行直线渐变，效果如图8-5所示。

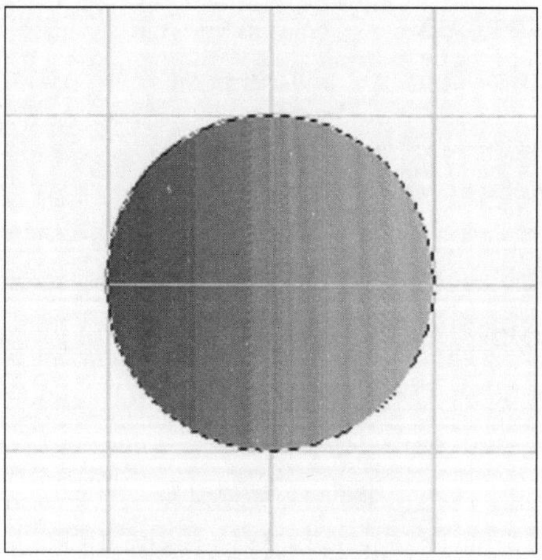

图8-5　直线渐变效果

6.复制“外圆”的图层并将新图层改名为“内圆”，执行【编辑】\【变换】\【缩放】命令，将圆形渐变图形缩放到一定大小，并执行【编辑】\【变换】\【水平反转】命令，效果如图8-6所示。

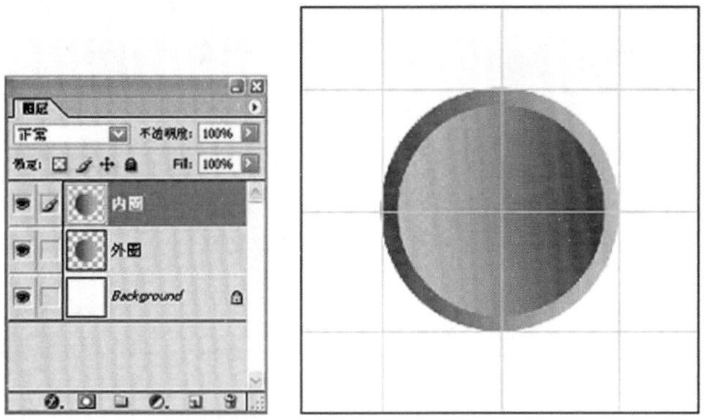

图8-6　复制图层\缩放\水平反转效果

7.新建名“钮眼”的图层，选用椭圆工具，按住【Shift】键绘制一正圆形，填充黑色，并进行复制\移动\对齐，这样“聚酯钮扣”完成效果如图8-7所示。

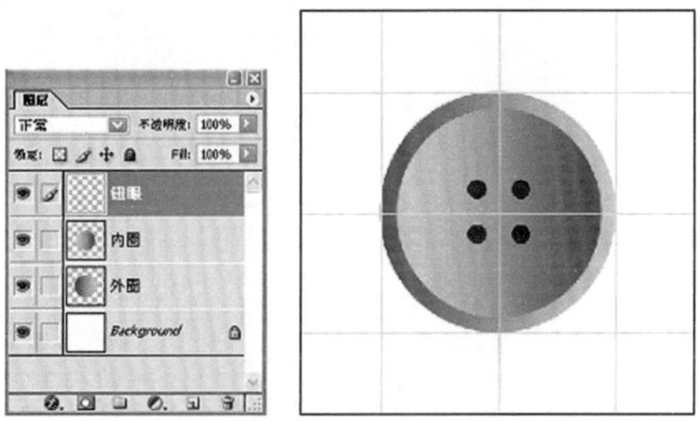

图8-7　完成“聚酯钮扣”效果

8.2.2　木纹钮扣

1.打开Photoshop CS软件，新建一个文件，文件名为“木纹钮扣”，图像大小设置为10cm×10cm，RGB模式，分辨率200dpi，白色背景，如图8-8所示。

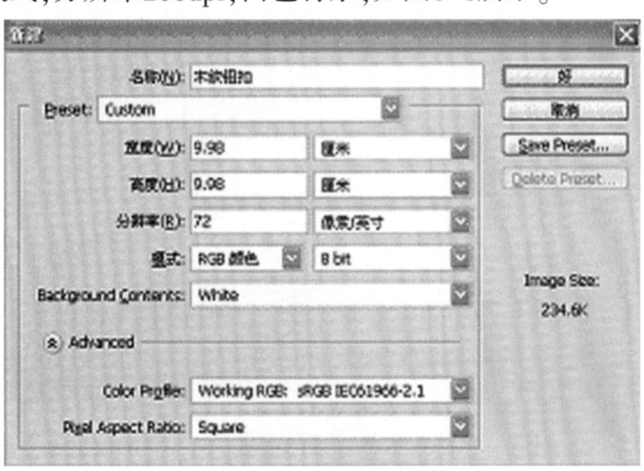

图8-8　新建文件

2.新建图层，点击前景色窗口，弹出拾色器面板，设置前景色为RGB(142,94,56)的浅褐色，背景色为RGB(94,42,23)的深褐色，设置参数如图8-9所示。

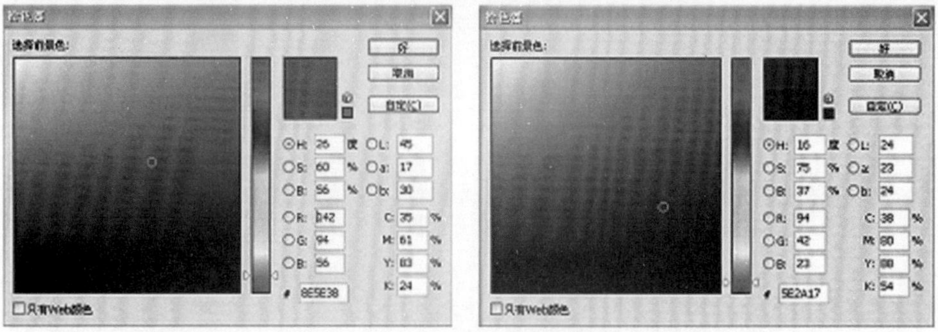

图8-9　前景色、背景色设置参数

3.执行菜单栏【滤镜】\【渲染】\【云彩】命令，“云彩”效果如图8-10所示。

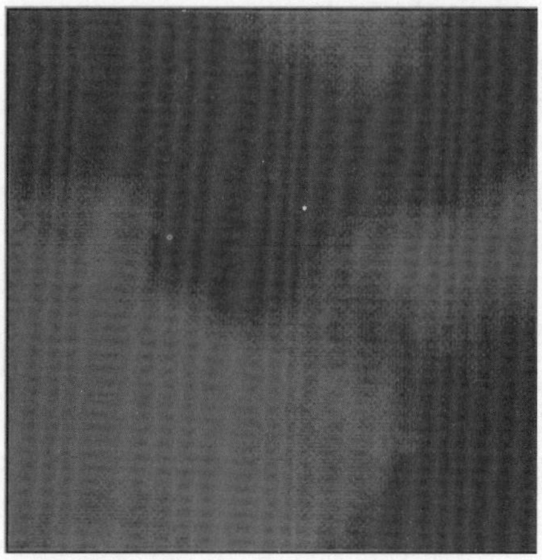

图8-10　“云彩”效果

4.执行菜单栏【滤镜】\【杂色】\【添加杂色】命令，“添加杂色”参数设置及效果如图8-11所示。

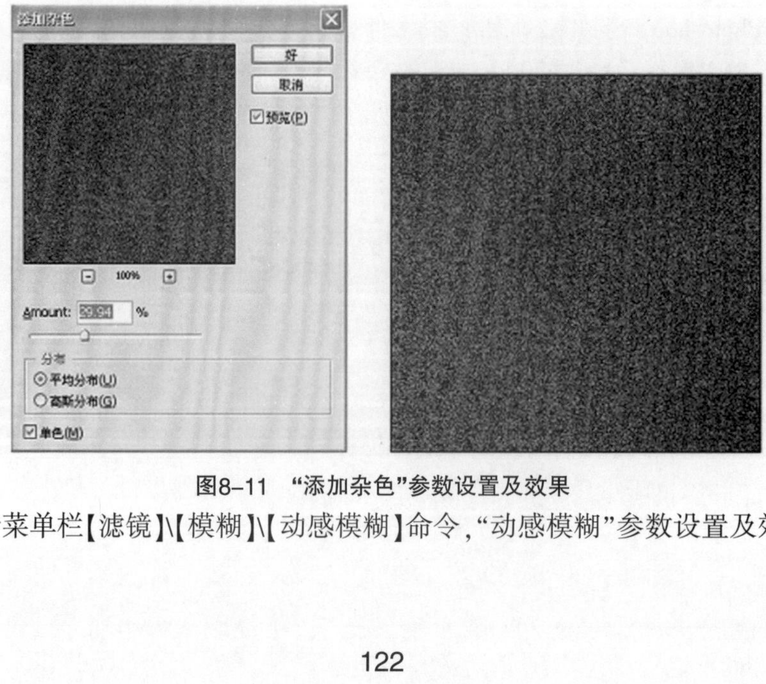

图8-11　“添加杂色”参数设置及效果

5.执行菜单栏【滤镜】\【模糊】\【动感模糊】命令，“动感模糊”参数设置及效果如图8-

12所示。

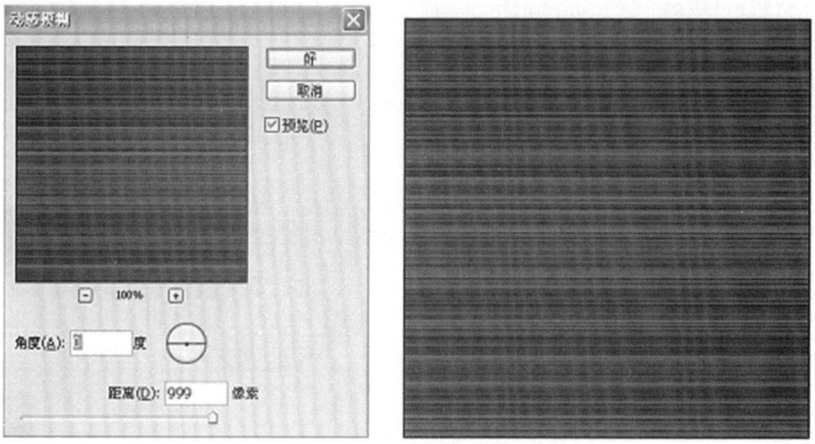

图8-12 “动感模糊”参数设置及效果

6.执行菜单栏【滤镜】\【液化】命令或使用快捷键【Ctrl】+【Shift】+【X】，弹出“liquify”面板，使用左侧工具箱的变形工具 和湍流工具 ，可以在图像上拖拽像素产生变形或平滑效果，参数设置及效果如图8-13所示。

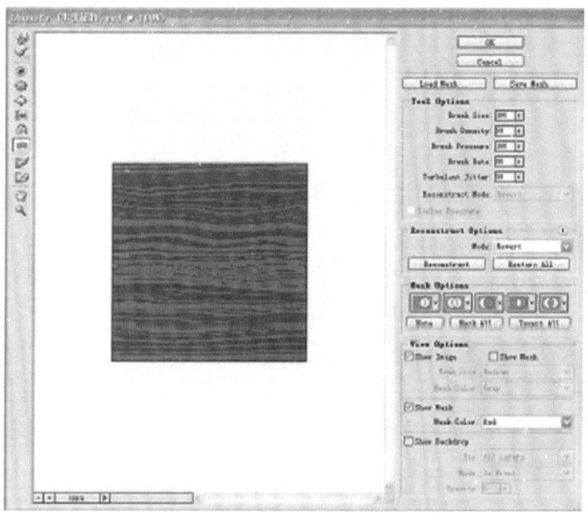

图8-13 “liquify”面板参数设置

7.自然逼真的木纹纹理的处理效果如图8-14所示。

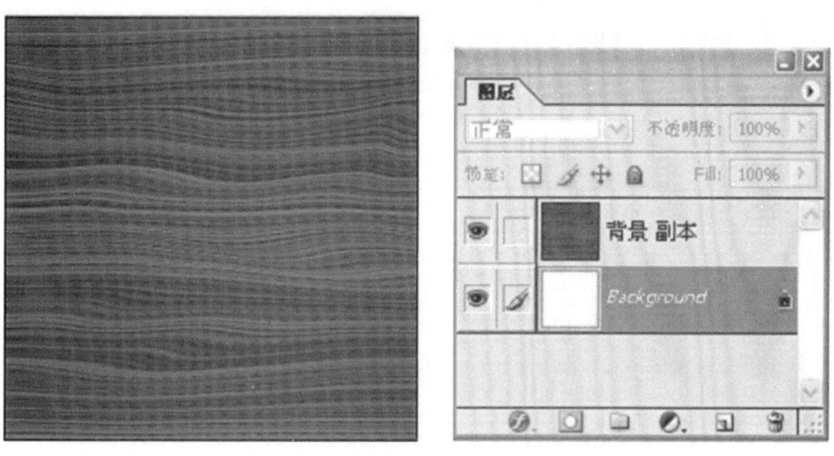

图8-14 逼真的木纹纹理

8.使用椭圆工具，按住【Shift】键拖出一正圆形，执行【选择】\【反选】或使用快捷键【Ctrl】+【Shift】+【I】反选图形，如图8-15所示。

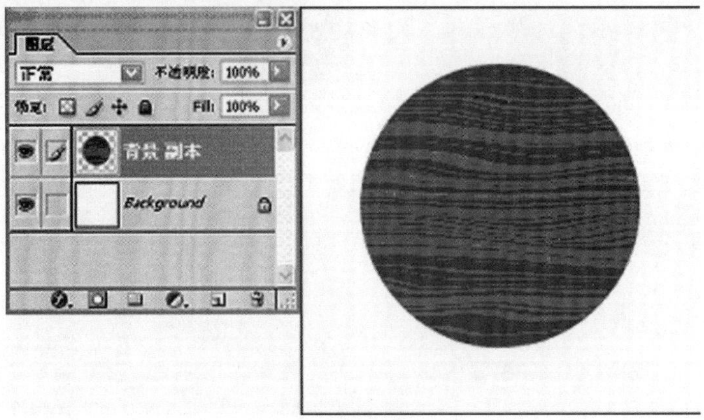

图8-15　剪切图形

9.使用椭圆工具，按住【Shift】键拖出一正圆形如图8-16所示位置剪切图形，确定钮眼位置。

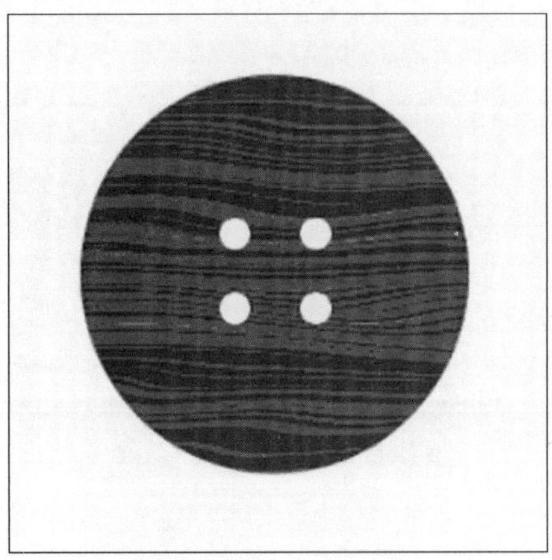

图8-16　钮眼位置

10.双击木纹钮扣图形的图层，弹出图层式样对话框，其参数设置及完成木纹钮扣立体效果如图8-17所示。

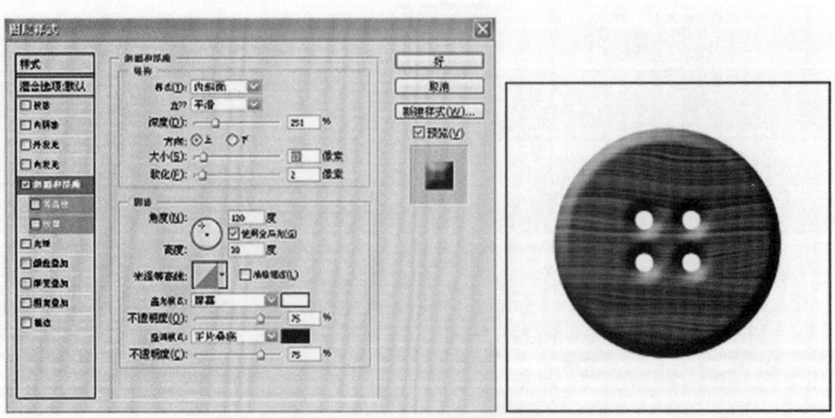

图8-17　木纹钮扣立体效果

8.2.3 金属钮扣

1.打开Photoshop CS软件，新建一个文件，文件名为“金属钮扣”，图像大小设置为10cm×10cm，RGB模式，分辨率200dpi，白色背景，如图8-18所示。

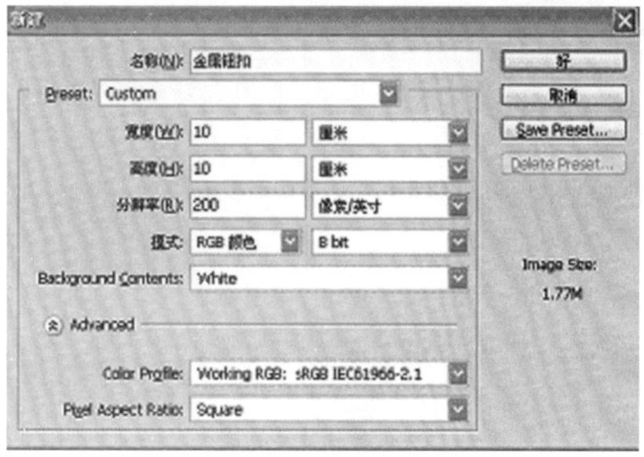

图8-18　新建文件

2.使用【Ctrl】+【R】显示标尺，用移动工具 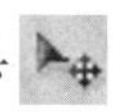 拖出辅助线，并新建图层如图8-19所示。

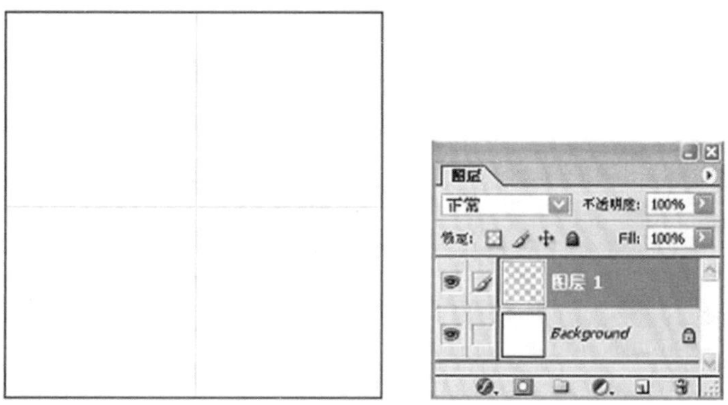

图8-19　辅助线设置及新建图层

3.选用椭圆工具，按住【Shift】键绘制一正圆形，用【渐层工具】以【径向渐变】形式从白到黑色进行填充；“径向渐变”参数设置及渐变效果如图8-20所示。

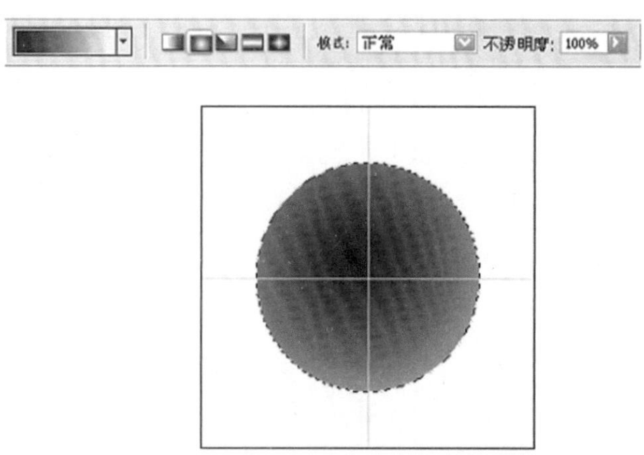

图8-20　“径向渐变”参数设置及渐变效果

4.执行菜单栏【滤镜】\【杂色】\【添加杂色】命令并执行菜单栏【滤镜】\【模糊】\【动感模

糊】命令，参数设置如图8-21所示。

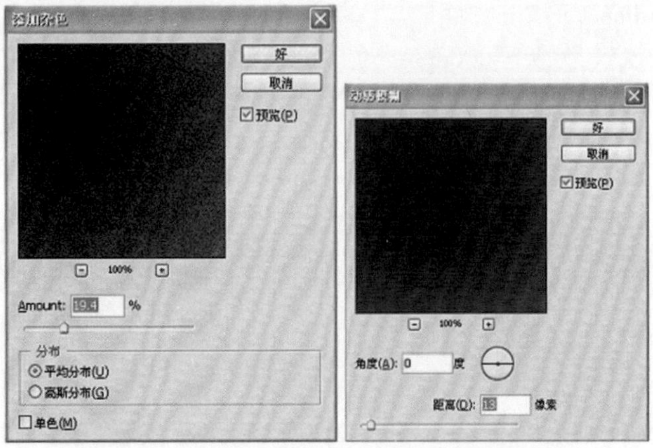

图8-21 “添加杂色”“动感模糊”参数设置

5.复制图层1，选用椭圆工具，按住【Shift】键绘制一正圆形，如图8-22所示。

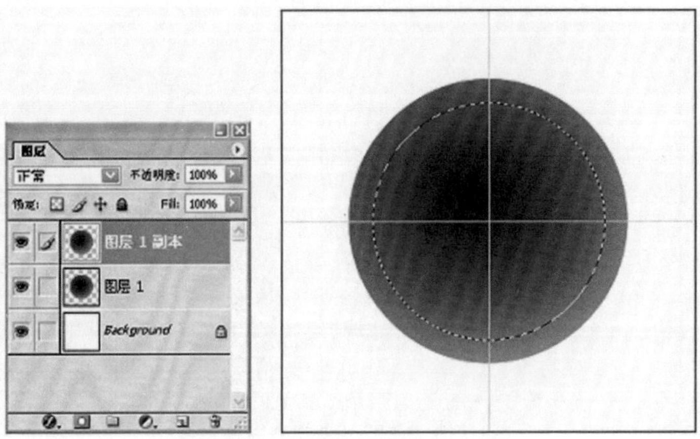

图8-22 复制图层

6.执行【编辑】\【剪切】或使用快捷键【Ctrl】+【X】剪切图形，如图8-23所示。

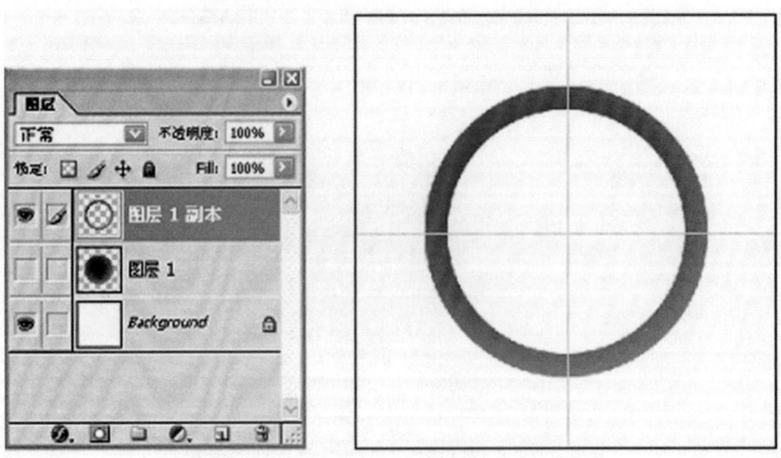

图8-23 剪切图形

7.双击图层1副本，弹出图层式样对话框，其参数设置如图8-24所示。

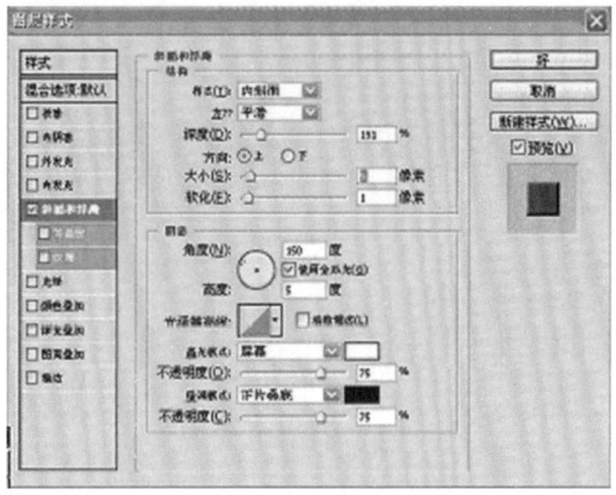

图8-24　立体效果参数设置

8.完成钮扣的立体效果如图8-25所示。

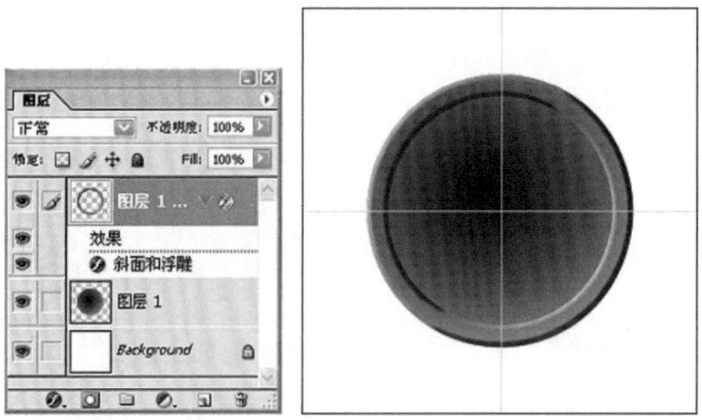

图8-25　立体效果

9.打开一幅黑白图形，并用鼠标在背景图层上双击，使黑白图形背景变为透明的背景层，如图8-26所示。

图8-26　黑白图形

10.执行菜单栏【图像】\【调整】\【反相】命令，原来的黑底白描变成了白底黑线图形，如图8-27所示。

图8-27　反相效果

11.执行菜单栏【选择】\【色彩范围】命令，弹出“色彩范围”对话框，选择“取样颜色吸管”工具，用鼠标在图形白色背景上任意一点单击，选择所有的白色，使用快捷键【Ctrl】+【X】剪切白色，黑色线描图形就在透明层上保留了下来，如图8-28所示。

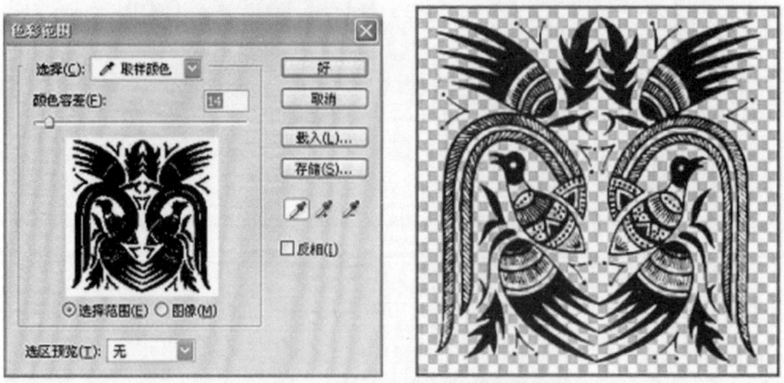

图8-28　黑色线描图形透明层

12.将该窗口的黑色线描图形透明层用移动工具 直接拖到“金属钮扣”图形窗口，如图8-29所示。

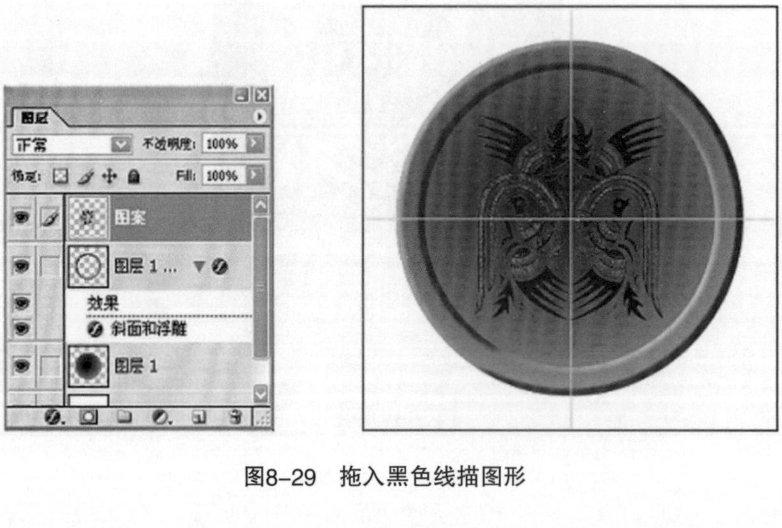

图8-29　拖入黑色线描图形

13.将黑色线描图形的图层改名为“图案”图层，如图8-30所示。

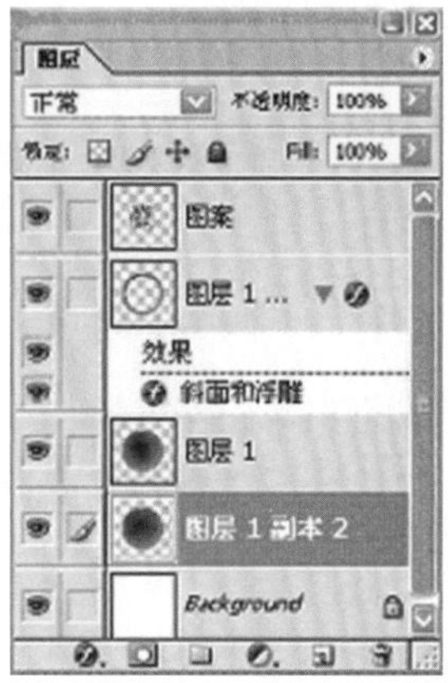

图8-30　图层改名

14.使用快捷键【Ctrl】+【A】选中“图案”图层的图形，用键盘上箭头移动键将“图案”图层的图形全部选中，如图8-31所示。

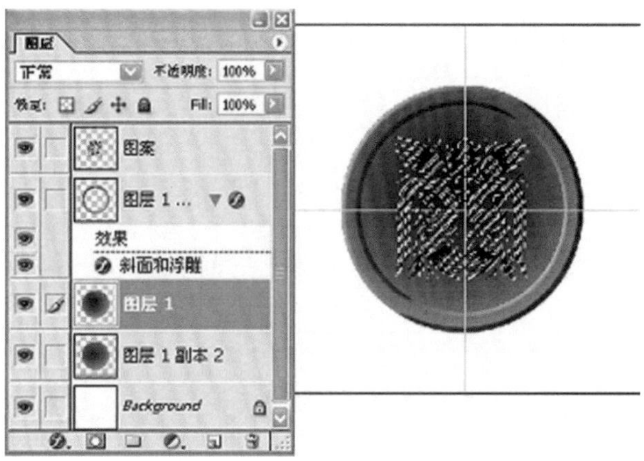

图8-31　全部选中“图案”图层的图形

15.在保留“图案”图层的图形为选择区的情况下，使“图层1”变成当前工作层，并隐藏“图案”图层，使用快捷键【Ctrl】+【X】剪切“图案”，效果如图8-32所示。

图8-32　隐藏“图案”图层并剪切“图案”效果

16.双击图层1，弹出图层式样对话框，设置参数，立体浮雕效果如图8-33所示。

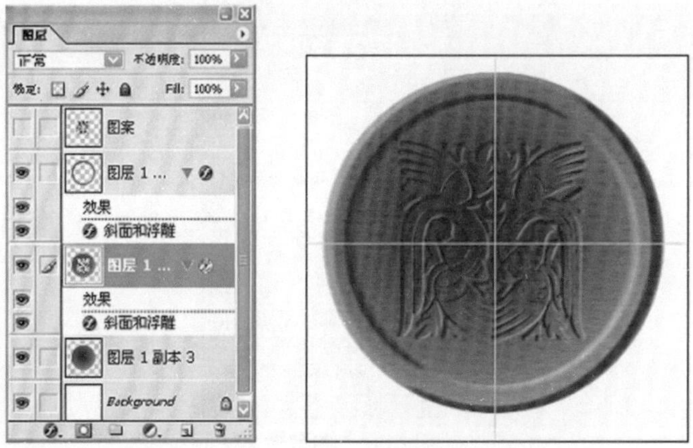

图8-33　立体效果

17.隐藏“背景图层”，执行【Ctrl】+【Shift】+【E】组合快捷键，合并所有可见图层，效果如图8-34所示。

图8-34　合并可见图层

18.执行菜单栏【图像】\【调整】\【色彩平衡】命令，“色彩平衡”对话框设置参数，具有金属质感的“金属钮扣”就制作完成了，如图8-35所示。需要注意的是：为了强调钮扣的金属质感，可反复使用菜单栏【图像】\【调整】\【色彩平衡】等命令。

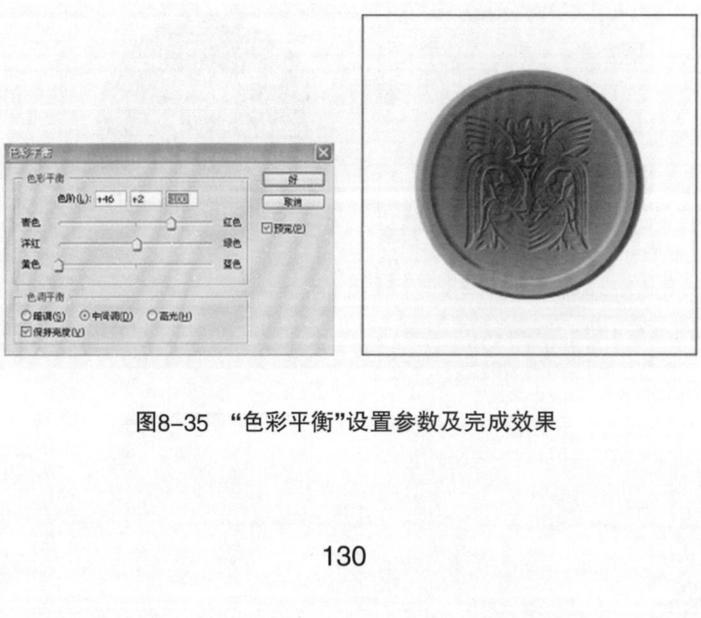

图8-35　“色彩平衡”设置参数及完成效果

8.3 休闲包的设计

时装配件的潮流犹如时装一般，日新月异，变化无穷。而它的地位也逐渐上升，成为人们衣着打扮中不可缺少的一部分。包，不仅用于存放个人用品，也能体现一个人的身份、地位、经济状况乃至性格等。一个经过精心选择的皮包具有画龙点睛的作用，它能体现一个人的独特魅力。

包按照造型风格和用途进行分类有：生活用包(休闲包、时装包、宴会晚装包、筒包、迪包、腰包、沙滩包、化妆包、银包)、公事和职业用包(女士包、男士包、公文包)、运动和旅行用包、专用包(学生包、电脑包、相机包、手机包、钥匙包)、创意包等。

包的结构一般由包身、肩带（手挽）、袋口拉链三部分组成，包的前面叫“前幅”，后面叫“后幅”，左右身叫左右“侧幅”，包身外的口袋叫“外插袋”，内身的插袋叫“内插袋”，袋口的盖面叫“盖头”，带与包身的衔接一般是“挂钩”或者“圆圈”类的五金件、锁扣等。

1.打开Photoshop CS软件，新建一个文件，文件名为“休闲包”，图像大小设置为20cm×20cm，RGB模式，分辨率200dpi，白色背景，如图8-36所示。

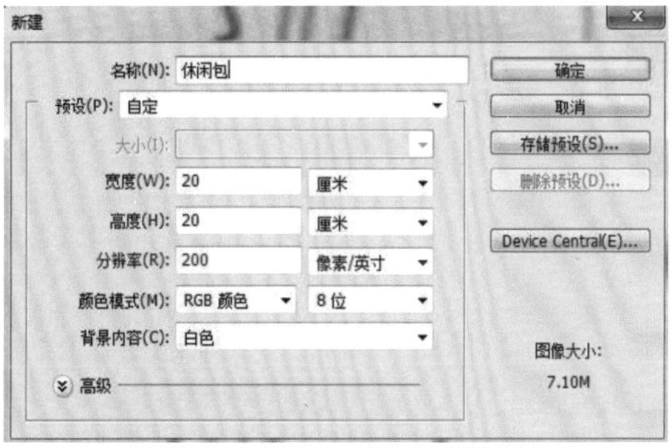

图8-36 新建文件

2.选择工具箱的钢笔工具 ，设置如图8-37所示。

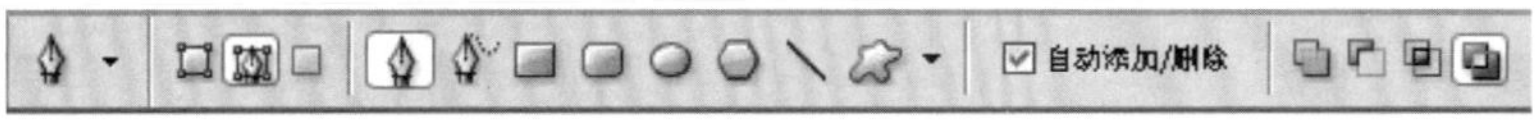

图8-37 钢笔工具选项栏

3.画出“休闲包”包身的基本轮廓线，建立工作路径，并存储、所有预设的铅笔工具描边路径，如图8-38所示。

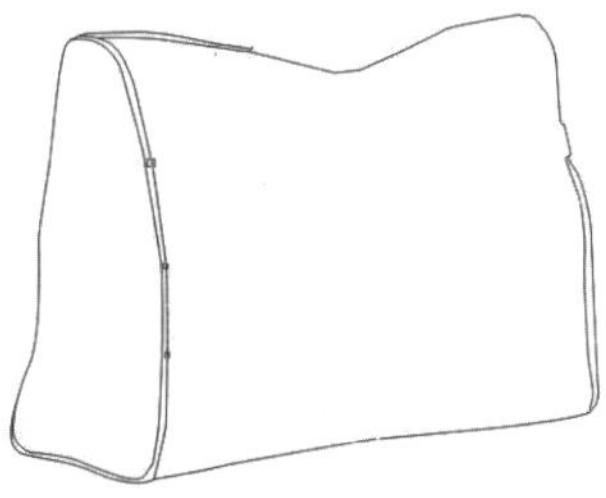

图8-38 “休闲包”包身的基本轮廓线

4.按照休闲包的结构，分别用钢笔工具拖出相应的封闭的路径，绘制休闲包的肩带（手挽）结构图，如图8-39所示。

图8-39　箱包的结构图

5.分别用钢笔工具拖出相应的封闭的路径并描边路径，绘制休闲包的“前幅”结构图，如图8-40所示。

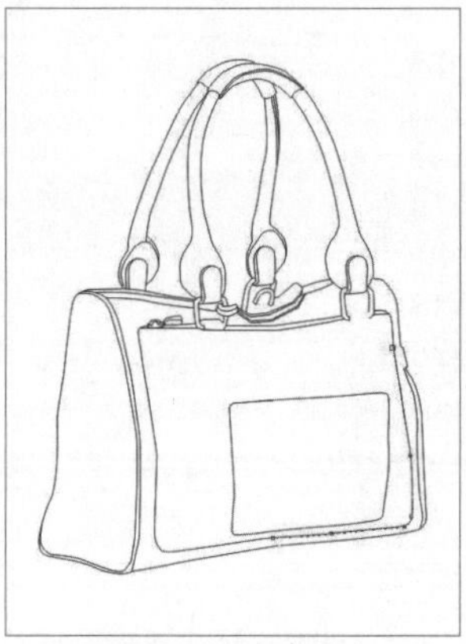

图8-40　休闲包的“前幅”结构图

6.用钢笔工具拖出相应的封闭的路径并描边路径，绘制休闲包的“侧幅”结构图，如图8-41所示。

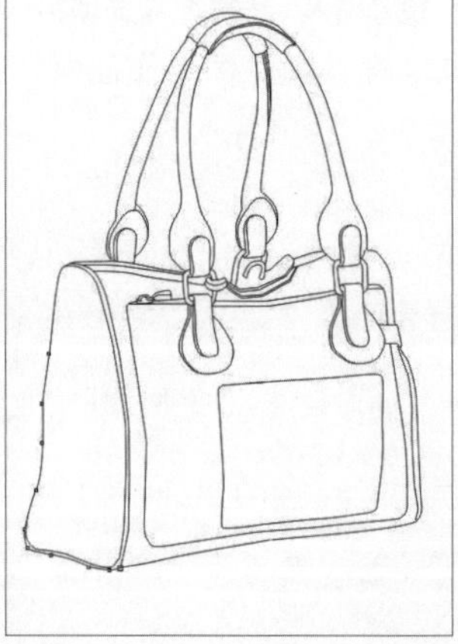

图8-41　休闲包的“侧幅”结构图

7.用钢笔工具 绘制休闲包的“侧幅”的装饰细部结构图，如图8-42所示。

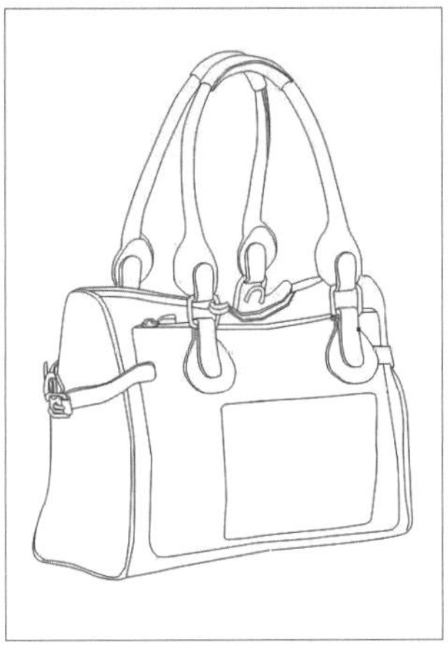

图8-42 休闲包的“侧幅”的装饰细部结构图

8.继续使用钢笔工具 绘制休闲包“前幅”锁扣、“外插袋”等结构图，如图8-43所示。

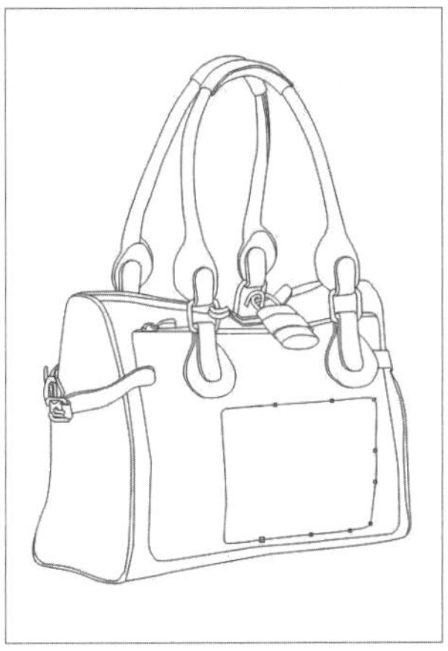

图8-43 休闲包的“前幅”锁扣、“外插袋”等结构图

9.使用钢笔工具 绘制休闲包的“前幅”的装饰绳等结构图，如图8-44所示。

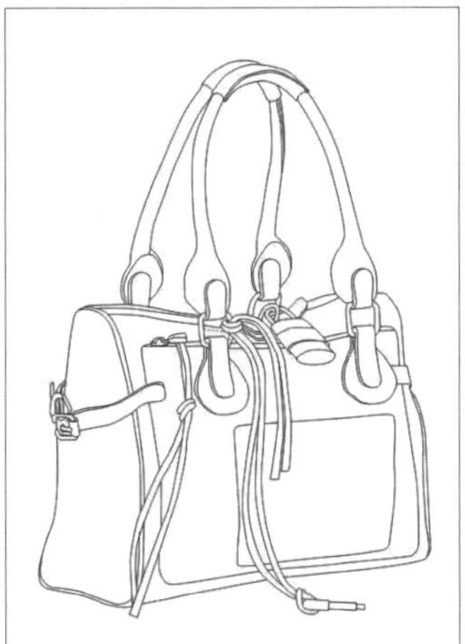

图8-44 休闲包的“前幅”的装饰绳等结构图

10.在适当的位置，使用椭圆工具绘制休闲包的“圆圈”类的装饰五金件结构图，如图8-45所示。

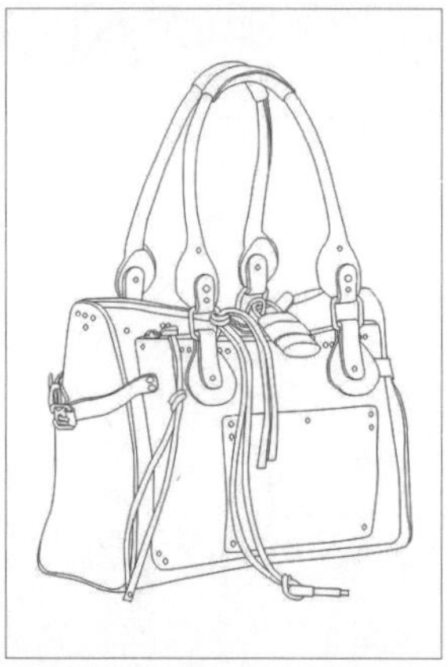

图8-45 绘制休闲包的“圆圈”类的装饰五金件结构图

11.添加休闲包装饰明线的绘制，新建图层，命名为“明线”，选择【画笔工具】，画笔预设参数如图8-46所示，使画笔预览框里的画笔形状呈虚线状。

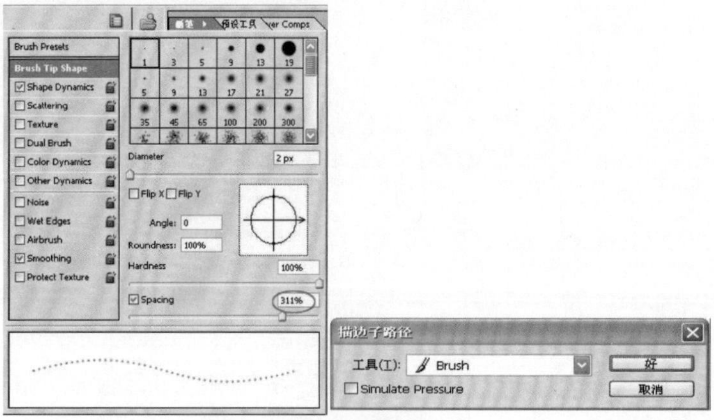

图8-46 画笔虚线预设

12.选中“明线”，右击鼠标，选择描边路径，在“描边路径”对话框中选择画笔工具描边，沿着路径绘制的虚线如图8-47所示。

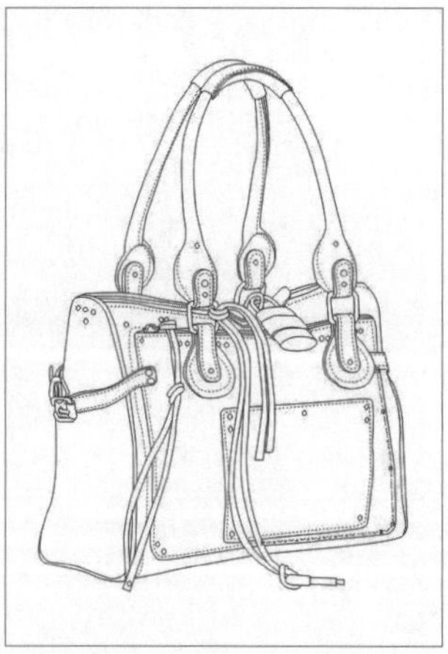

图8-47 休闲包装饰明线的绘制

13.完成的休闲包黑白结构图如图8-48所示。

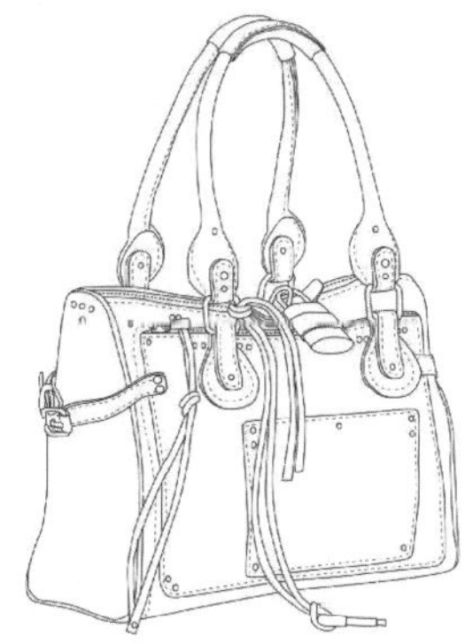

图8-48 休闲包款式图黑白稿

14.将画好的休闲包款式图黑白稿(背景层)进行“图层复制”,得到 “背景副本”图层,并将“背景副本”的图层属性改为“正片叠底”模式,如图8-49所示。

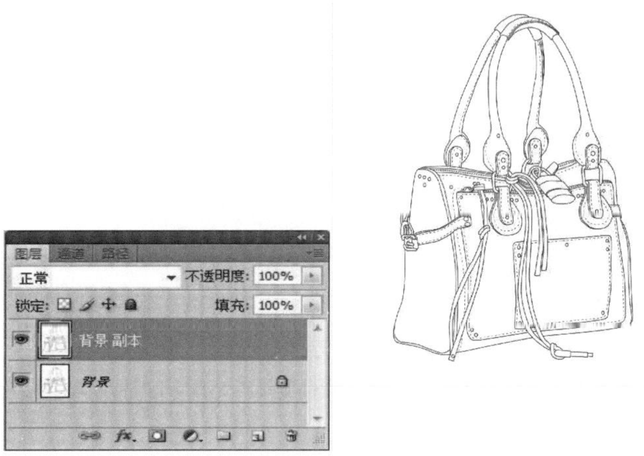

图8-49 将“背景副本”的图层属性改为“正片叠底”模式

15.使用【图案填充工具】设计包身的面料—— “方格帆布”,并进行【定义图案】如图8-50所示。

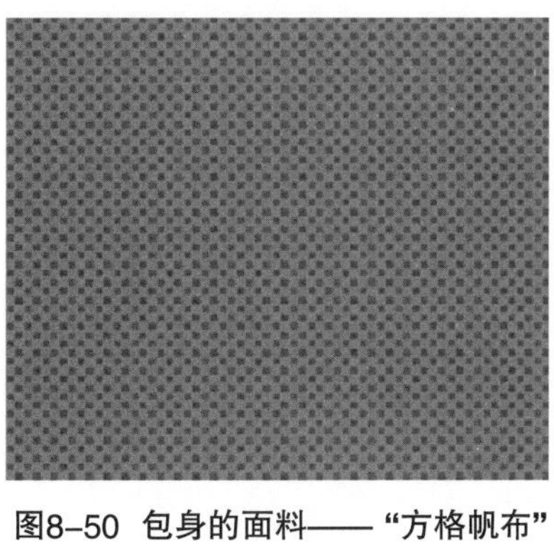

图8-50 包身的面料—— “方格帆布”

16.在背景层上使用【魔棒工具】、加选功能键【Shift】选择包身的主要部分，使用【图案填充工具】，将预先设置的“方格帆布”面料进行填充，效果如图8-51所示。

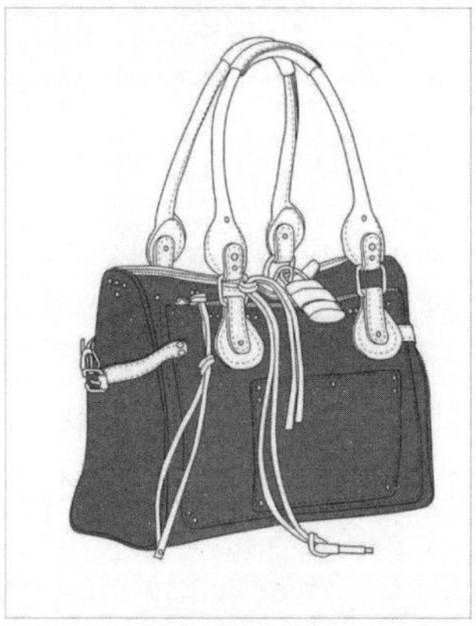

图8-51 “方格帆布”面料进行填充

17.设置前景色为RGB(255，102，0)，用油漆桶工具在背景层上给休闲包款式图的肩带（手挽）、装饰绳等进行填色，参数设置及填色效果如图6-52所示。

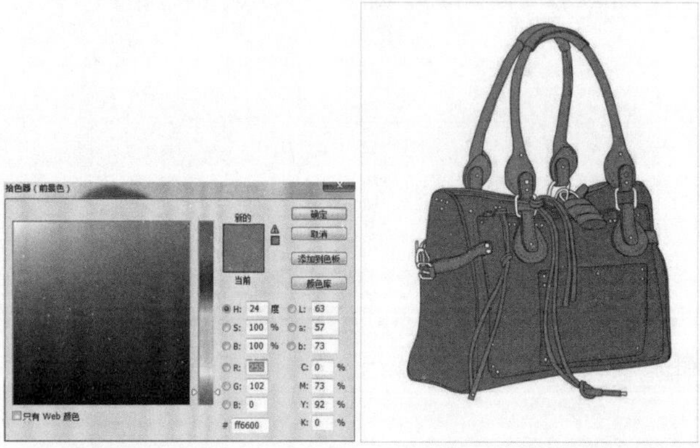

图8-52 休闲包款式图的肩带（手挽）、装饰绳等进行填色

18.使用【套索工具】选择设计休闲包的“侧幅”结构，执行【图像】\【调整】\【亮度\对比度】，调整休闲包的立体感，效果如图8-53所示。

图8-53 调整休闲包的立体感

19.打开画好的休闲包款式图黑白稿(背景层),进行"图层复制",得到 "背景副本"图层,并将"背景副本"的图层属性改为"正片叠底"模式,如图8-54所示。

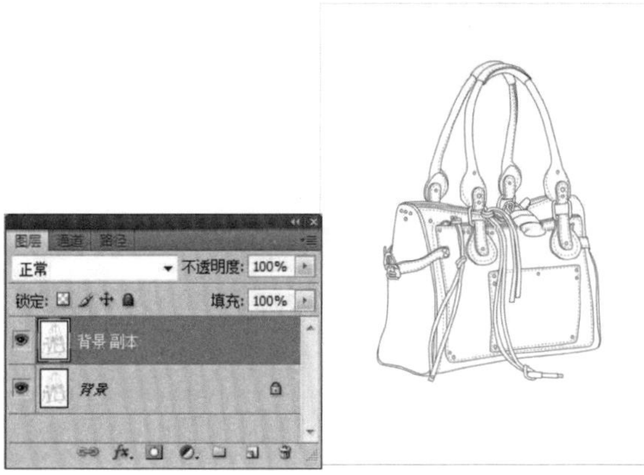

图8-54　将"背景副本"的图层属性改为"正片叠底"模式

20. 设置前景色为RGB (242,242,242), 在背景层上使用【魔棒工具】、加选功能键【Shift】选择包身的主要部分,用油漆桶工具进行填色,参数设置及填色效果如图6-55所示。

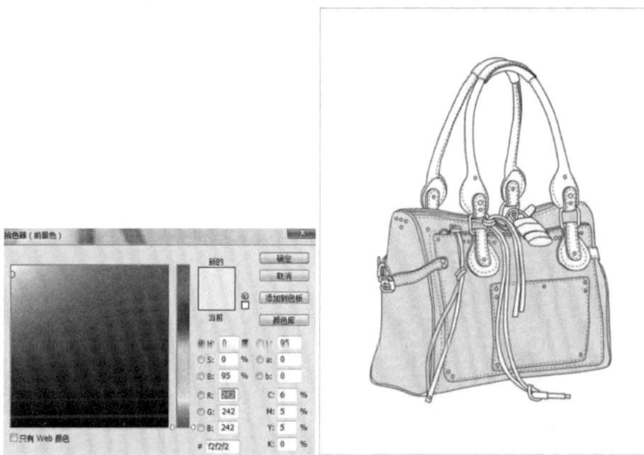

图8-55　包身的主要部分进行填色

21.设置前景色为RGB(254,152,202),在背景层上使用【魔棒工具】、加选功能键【Shift】选择休闲包的肩带(手挽)、装饰绳等进行填色,参数设置及填色效果如图6-56所示。

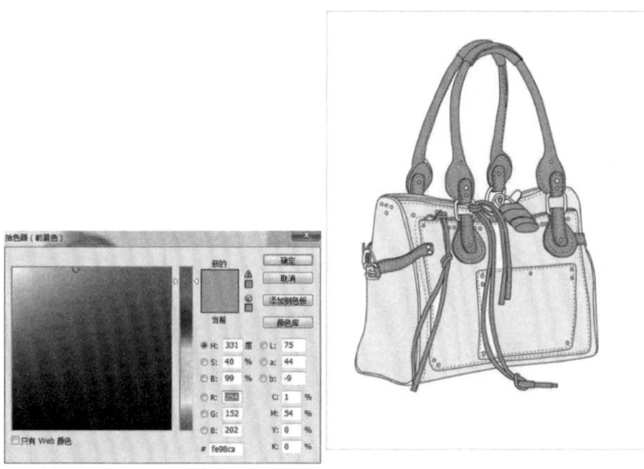

图8-56　休闲包的肩带(手挽)、装饰绳等进行填色

22.使用【套索工具】选择设计休闲包的"侧幅"结构，执行【图像】\【调整】\【亮度\对比度】，调整休闲包的立体感，效果如图8-57所示。

图8-57　调整休闲包的立体感

23.将以上"方格面料"填充、单色上色的两款休闲包的彩色款式图进行组合，制作完成效果如图8-58所示。

图8-58　完成的休闲包效果图

练习与思考

1. 阐述服饰配件设计的内容与意义。
2. 设计几款不同式样与材质的钮扣。
3. 设计一款时尚女包。

第9章　头像表现技法应用实例

9.1　相关知识介绍

头像表现顾名思义就是关于人物头部的设计方案，不仅是服装效果图表现的重要组成部分，而且常见于商业用途的CG(Computer Graphic)作品中。在现代商业社会中，头像表现的应用范围极其广泛，无论是游戏、动画、漫画、电视、电影等娱乐领域，还是广告、宣传、CI等商业领域，处处都有头像表现的用武之地。

9.2　头像线描稿

用线来表现对象的素描称为线描，头像线描中的线是人们通过对人物头部的观察、感受得出的，是具有艺术表现力的线，中国传统绘画的白描就是具有高度艺术技巧的线描。

9.2.1　线描头像的构图原则

1.头部的形体结构和比例及前后透视关系应基本准确。

2.构图具有一定的装饰性。

3.重点突出，加强结构关键部位线的描绘，减弱某些次要的部分，使以线描组成的画面，具有对象的质感、量感和整体的艺术效果。

9.2.2　头像线描稿的绘制

1.打开Photoshop CS软件，新建一个文件，文件名为“头像线描稿”，图像大小设置为22cm×30cm，RGB颜色模式，分辨率200dpi，白色背景，如图9–1所示。

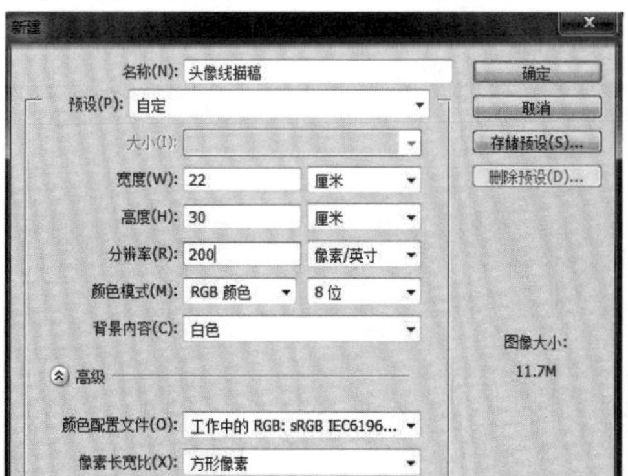

图9–1　新建文件

2.选择工具箱的“铅笔工具”“ 画笔工具”(快捷键B)粗略地勾勒出头像的结构线，结构线应包括脸部轮廓大致形状和“三庭五眼”的结构关系，勾绘时注意头、脖子和肩的动态及结构衔接关系，头像在画面中大小的比例及与画面四边的距离合适，注意要把脸正面的空间留得多些。在画头部的轮廓时，一定要把握整体观察，互相比较着画的原则。因每个人的头形在骨骼和肌肉上的差异而各有不同，所以，头形的基本特点和五官的特点是捕捉人物形象的关键，凡抓住这点去描绘的，就能鲜明地表现出人物头像的特征和轮廓。

完成头像线描稿如图9-2所示。

图9-2　头像线描稿

9.3　头像线描稿上色

1.执行【图层】\【复制图层】命令，并将“背景副本”图层属性为“正片叠底”，如图9-3所示。采用“正片叠底”的模式，背景副本的图形始终起到覆盖作用。

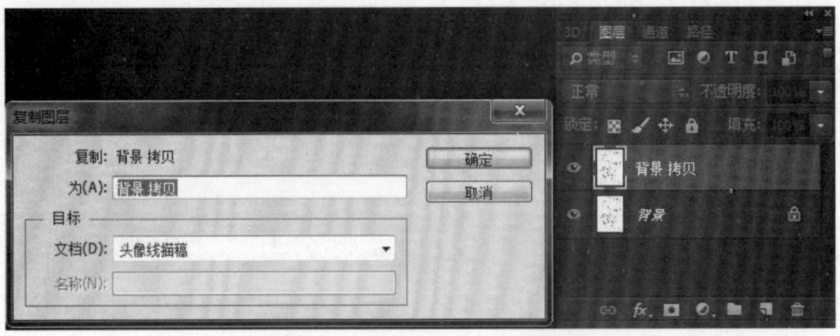

图9-3　复制图层并正片叠底

2.设置用于头像表现的画笔：“喷枪钢笔不透明描边”圆头画笔和“大油彩蜡笔”平头画笔，设置参数如图9-4所示。

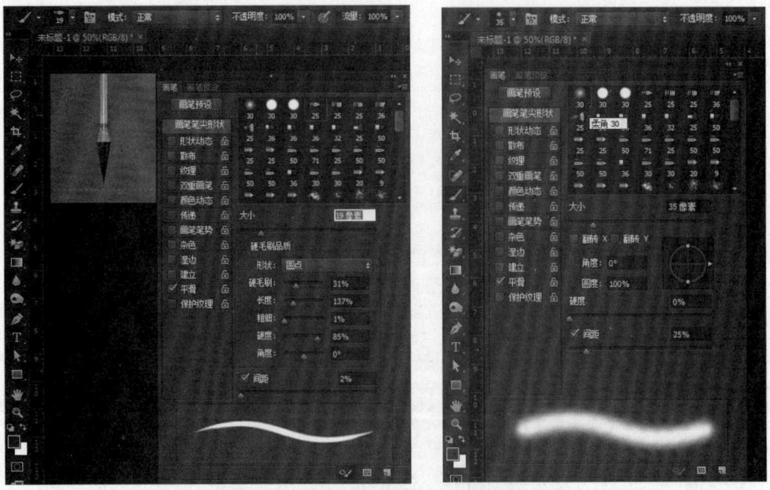

图9-4　圆头、平头画笔参数设置

3.设置头像的皮肤、背景、头发基本颜色，参数设置分别如图9-5~图9-7所示，并将设置好的颜色存储在色板中。

图9-5　面部皮肤色参数设置

图9-6　背景颜色参数设置

图9-7　头发颜色参数设置

4.在“背景副本”图层下分别新建图层“ 背景”“脸部”“头发”“眼睛”“鼻子”“嘴巴”“胡须”“耳朵”“服饰”等图层。不同的图层便于局部修改和独立的“模糊”处理。使用图9-4设置好的画笔、图9-5~图9-7设置好的色彩，分别在不同的图层，铺好背景及头像各部位的大体色彩。不需特别注重细节，但要注意整体效果，此时的头像处在一个由色彩关系组成的空间里，以便于深入塑造和进一步的调整。铺好头像色彩的大体效果如图9-8所示。

图9-8　铺好头像色彩的大体效果

5.使用“喷枪钢笔不透明描边”圆头画笔在“鼻子”图层，画出鼻子暗部，效果如图9-9所示。

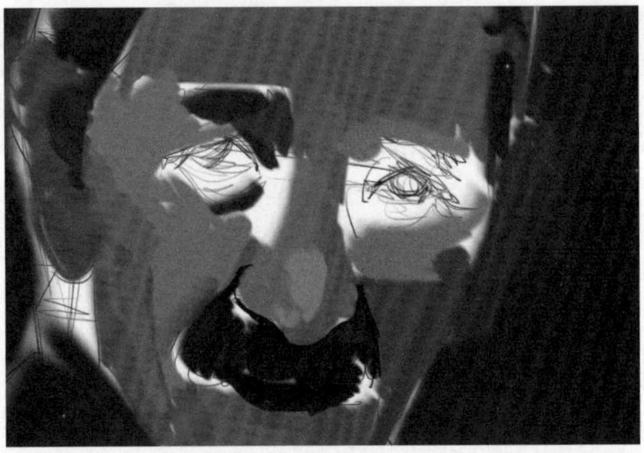

图9-9　画出鼻子暗部

6.继续使用“喷枪钢笔不透明描边”圆头画笔和“大油彩蜡笔”平头画笔在“鼻子”图层，进行鼻子细节刻画。用色彩塑造鼻子的形体，表现的同时要注意“鼻子”三大结构块面色彩的微妙变化，鼻孔的深色宜用暖色表现，效果如图9-10所示。

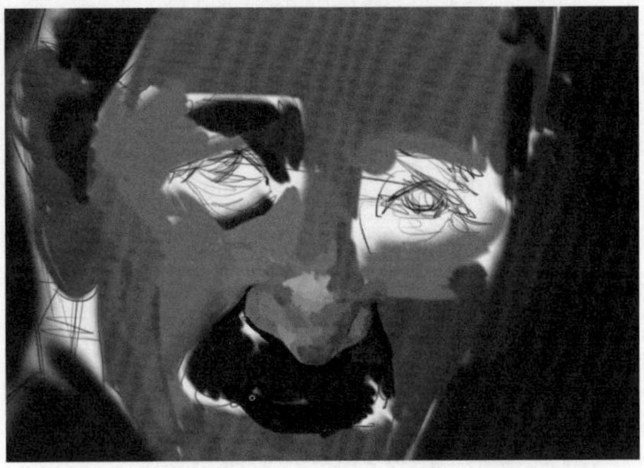

图9-10　鼻子细节的刻画

7.使用“喷枪钢笔不透明描边”圆头画笔和“大油彩蜡笔”平头画笔在“眼睛”图层，给“眼睛”“眉毛”大体上色，效果图9-11所示。

图9-11　眼睛大体上色效果

8.眼睛、眉毛，它们是人的表情的主要传神处，变化最大也最为丰富，同时也是最难描绘的部位。不但要把形和色画准，还要把它们统一在同一种表情的状态里。画眼睛时，先画眼窝、眼球的形体特征，再画上下眼皮和眼球及虹膜等，上眼皮背光，多用重色表现，下眼皮一般多处在受光部分，稍微要浅一些，眼睛、眉毛细节的刻画如图9-12所示。

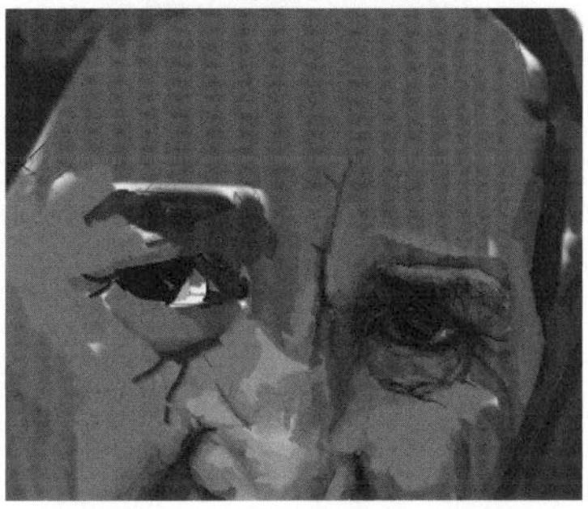

图9-12 右眼、眉毛细节的刻画

9.完成右眼、眉毛细节刻画后的头像整体效果，如图9-13所示。

10.同样的方法完成左眼、眉毛细节刻画。继续使用“喷枪钢笔不透明描边”圆头画笔画出皮肤的“皱纹”；在“服饰”图层，使用“大油彩蜡笔”平头画笔画出头发部位“红色发辫”的大体色彩；在“嘴巴”图层，画出“嘴巴”的大体色彩，注意明暗、冷暖、光影的关系，效果如图9-14所示。

图9-13 完成右眼睛、眉毛细节后的整体效果

图9-14 头发部位“红色发辫”的大体色彩

11.选择“嘴巴”图层，给“嘴巴”绘制细节：注意嘴周围的造型，上下嘴唇一起画，下唇一般比上唇厚，效果如图9-15所示。

选择“耳朵”图层，给“耳朵”绘制细节：耳朵一般呈有节奏的盘曲状，耳朵的色彩稍微有一点偏暖，耳孔的色彩一般是较暖的深色，效果如图9-15所示。

选择“头发”图层，给“头发”绘制细节：先用钢笔工具按头发生长方向画出不同的路经，再反复复制、移动、变换路经，使用自定义1~3像素的“喷枪钢笔不透明描边”圆头画笔进行“路径描边”，绘制出系列“头发”，画出的路经注意保持曲线的平滑。在菜单选项栏上设置“不透明度”较小的“橡皮擦工具”，可将“头发”顶端的部分擦淡一些，做出“头发”尾端的效果。头发的表现一定要明确画出亮部与暗部的区别，头发的转折是绕着头部结构的体面而展开的，注意在毛发、交界线处颜色的运用。头发由于面的不同而有冷暖色感之分，遮盖在脸额上的投影呈暖色，头发的高光色彩是一种冷灰色。还需注意头发跟部和脸部的衔接，画出“头发”的蓬松感。“胡须”的表现方法相同，效果如图9-15所示。

图9-15　嘴巴、耳朵、头发、胡须的细节表现

12.头像的整体局部做深入刻画：使用加深工具来表现暗部，用减淡工具来提亮。值得注意的是工具的两个属性:范围和曝光度，曝光度的取值一般在5%左右，这个取值便于鼠标反复工作而得到均匀的变化效果，设置参数如图9-16所示。脸和脖子的亮部与暗部的颜色，在明度上有明暗变化，在颜色的倾向上暗部呈偏暖些的黄绿色，亮部倾向于偏冷些的皮肤色。

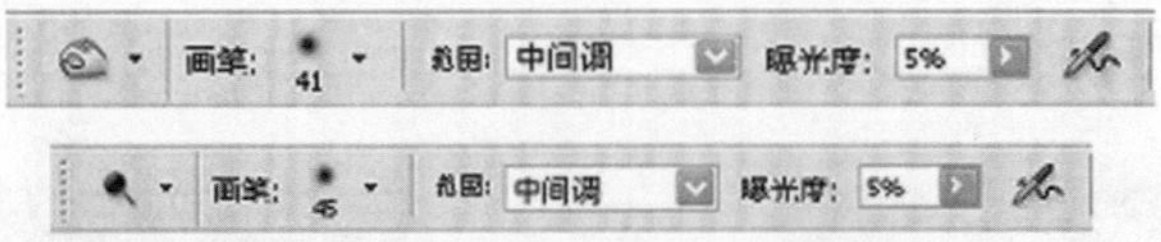

图9-16　加深工具、减淡工具设置参数

13.用涂抹工具来表现明暗的变化，注意在用涂抹打形时涂抹工具压力可调大点，为70~80，在细描的时候压力小点，为30~50，设置参数如图9-17所示。

图9-17　涂抹工具设置参数

14.选择“服饰”图层，对服饰的细节进行刻画。使用“喷枪钢笔不透明描边”圆头画笔和“大油彩蜡笔”平头画笔，对“红色发辫”、衣身、衣领部位的颜色在大的倾向里找出丰富的变化。实际上，深入的描绘就是要在反复的琢磨研究，不断的比较和逐步的塑造中具体起来，并注意各部位的对比和虚实处理等，用形色结合的明暗冷暖之间的过渡衔接起来，使人物神态的表达进一步协调统一，效果如图9-18所示。

图9-18　“红色发辫”、衣身、衣领部位的细节处理效果

15.最后完成的头像表现效果如图9-19所示。

图9-19 头像完成的最终效果

9.4 头发的其他表现方法

发型一般分为五种类型，即直发、波发、卷发、羊毛状卷发及小螺旋形。设计中头发是比较难表现的，细腻的发丝、光线的变化、体积感以及飘逸的感觉，都需要用合适的工具、方法和技巧表现出来。

9.4.1 定义画笔法

1.打开Photoshop CS软件，新建一个文件，文件名为“定义画笔法表现头发”，图像大小设置为15cm×18cm，RGB颜色模式，分辨率200dpi，透明背景，如图9-20所示。

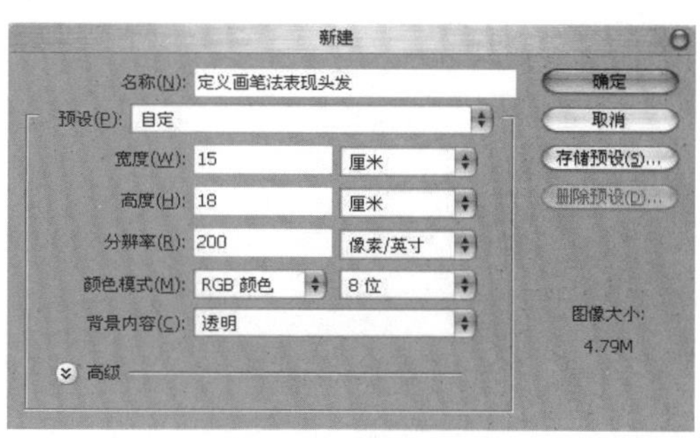

图9-20 新建文件

2.按Ctrl+N新建大小为20×20象素，分辨率72dpi的透明背景图，用放大工具将透明背景图放大，选择画笔工具（笔粗为1象素），在透明背景图中随意画几个点，注意：点与点之间不可重叠。如图9-21所示；然后按Ctrl+A全选，将上面所画的图定义为画笔，并取名为头发1。

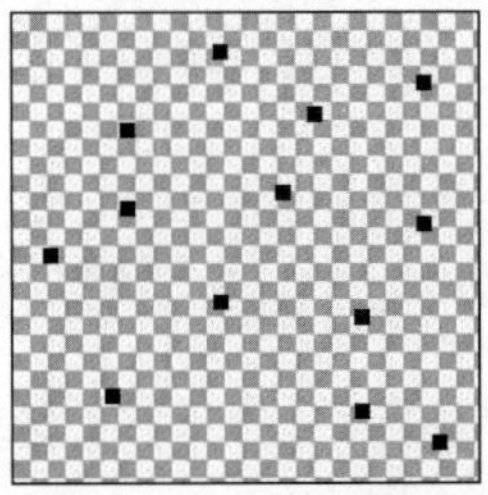

图9-21 定义画笔

3. 按F5弹出“画笔”面板，调整画笔间距，使画笔线条连续，如图9-22所示。

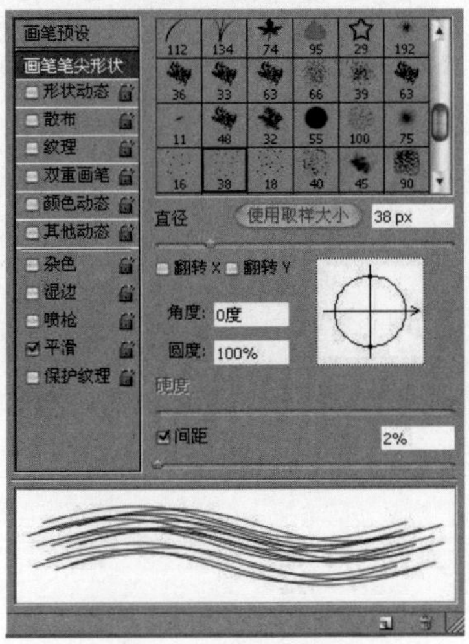

图9-22 调整画笔间距

4.使用上述“头发1” 画笔，画笔颜色定为RGB(0，0，0)，在“定义画笔法表现头发” 透明背景图中画出一束头发如图9-23所示。

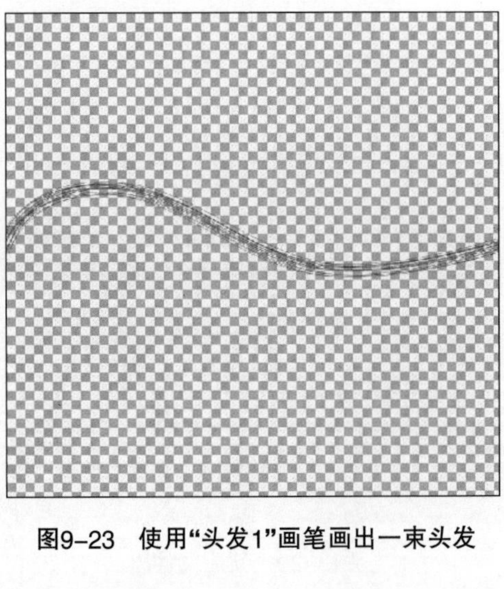

图9-23 使用“头发1”画笔画出一束头发

5. 反复新建图层，同时反复使用“头发1”画笔画出一束束头发，如图9-24所示。注意：每束头发为一个图层，便于调整头发间的立体层次、图层透明度以及色彩关系。

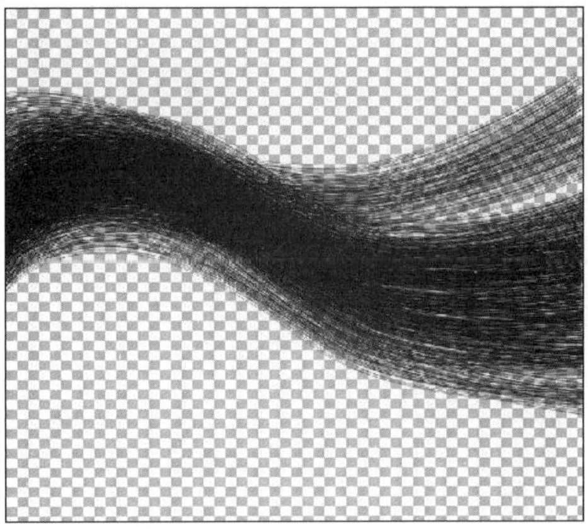

图9-24　反复使用“头发1”画笔画出一束束头发

6.选择某一图层，然后在这一图层上右击菜单，选择混合选项，弹出图层样式面板，设置如图 9-25 所示。

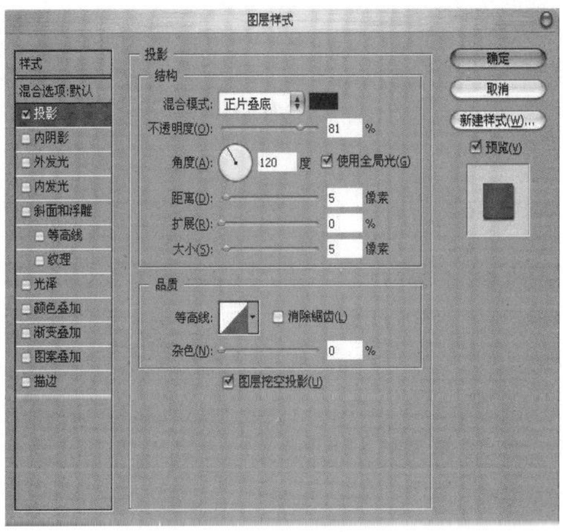

图9-25　弹出图层样式

7.按“确定”，头发阴影效果如图 9-26 所示。

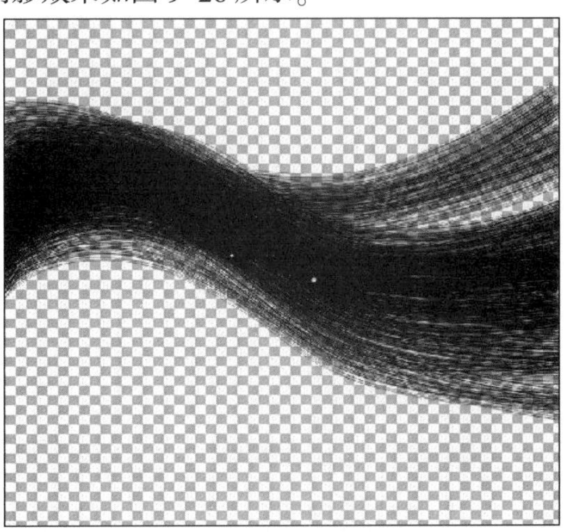

图9-26　头发阴影效果

8. 新建图层，将画笔颜色定为如图 9-27 所示 RGB(102，51，51)，使用“头发 1”画笔画出一束头发，如图 9-28 所示。

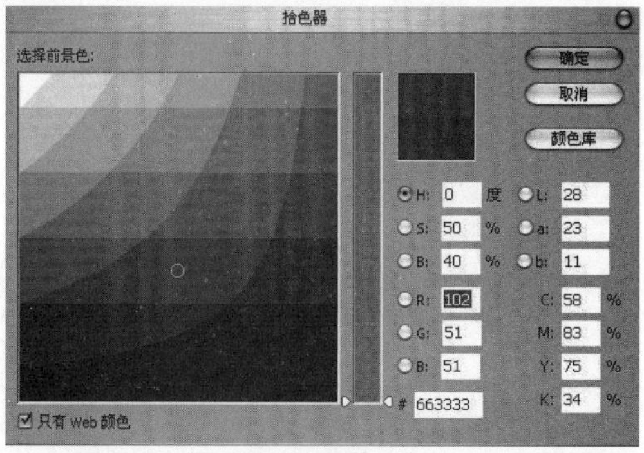

图9-27　将画笔颜色定为RGB(102,51,51)

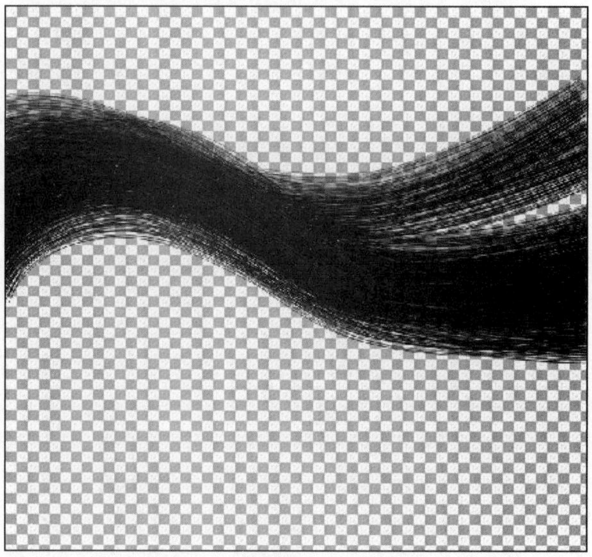

图9-28　改变一束头发颜色

9.反复拷贝颜色为 RGB(102，51，51)一束头发的图层，并轻移、旋转相关图层，使头发产生错落有致的层次感，同时选择相关图层，调整色彩曲线如图 9-29 所示。

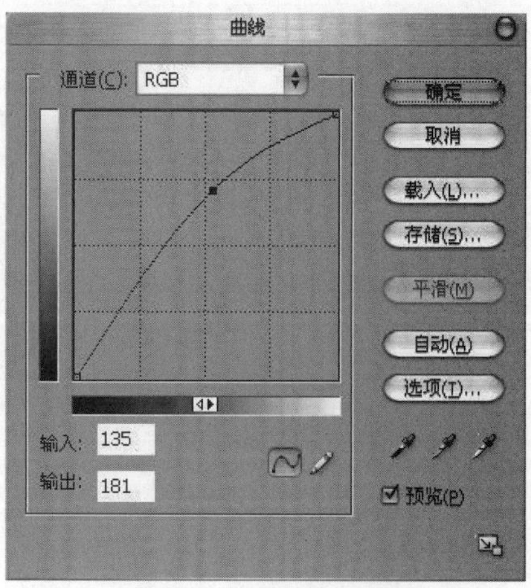

图9-29　调整色彩曲线

10. 调整色彩曲线效果如图 9-30 所示。

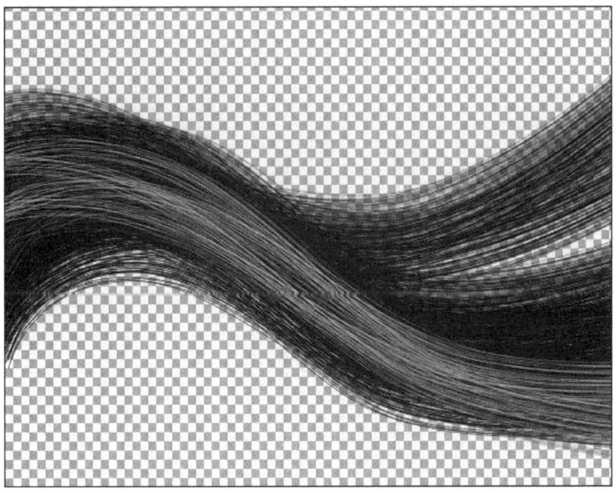

图9-30 调整色彩曲线效果

11.使用模糊工具，将头发靠近背景的地方进行适当的模糊；使用锐化工具(笔粗为15 的羽化效果)，把头发的亮部几根发丝进行适当的锐化；使用画笔在需要的地方添加几根其他颜色的发丝，这样头发的制作基本完成，最终效果如图 9-31 所示。

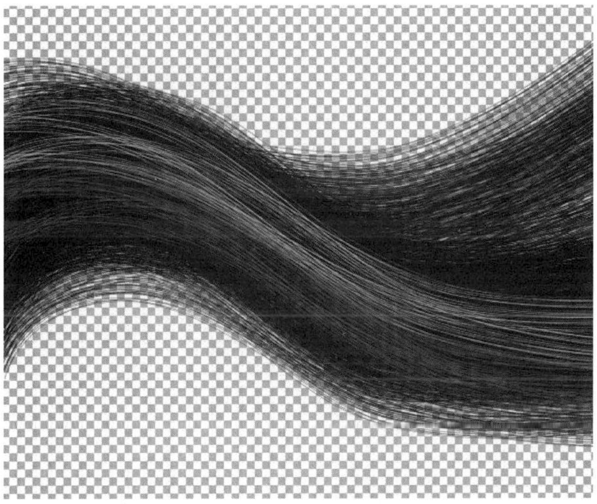

图9-31 头发表现最终效果图

9.4.2 描边路径法

1.打开Photoshop CS软件，新建一个文件，文件名为“描边路径法表现头发”，图像大小设置为15cm×18cm，RGB颜色模式，分辨率200dpi，透明背景，如图9-32所示。

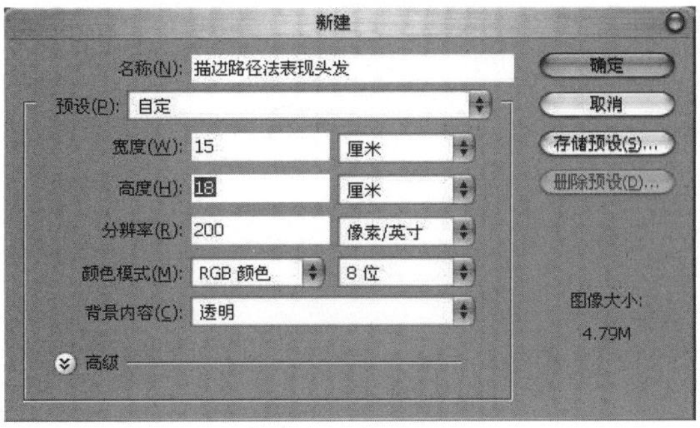

图9-32 新建文件

2.使用画笔工具，绘制头发大体颜色，如图9-33所示。

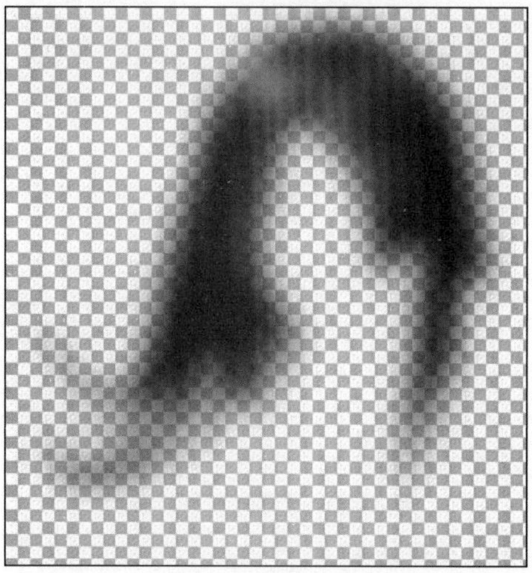

图9-33 用画笔工具绘制头发大体颜色

3.新建图层，使用钢笔工具绘制出“第 1 根”头发飘逸方向的路径，调整线条直到流畅，如图 9-34 所示。

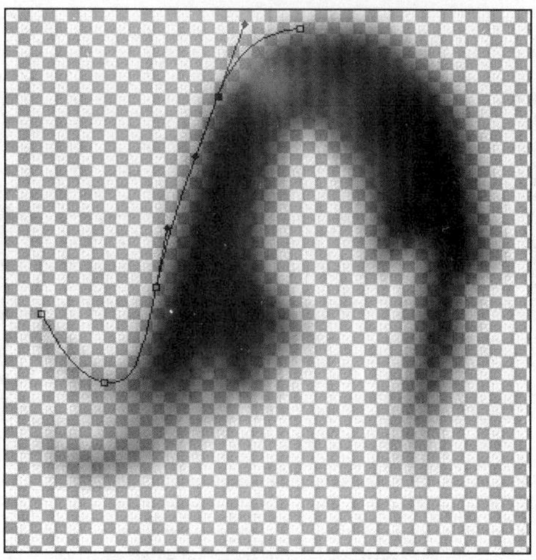

图9-34 使用钢笔工具绘制“第1根”头发的路径

4.按 F5 弹出“画笔”面板，调整画笔大小、间距，使画笔线条连续，如图 9-35 所示。

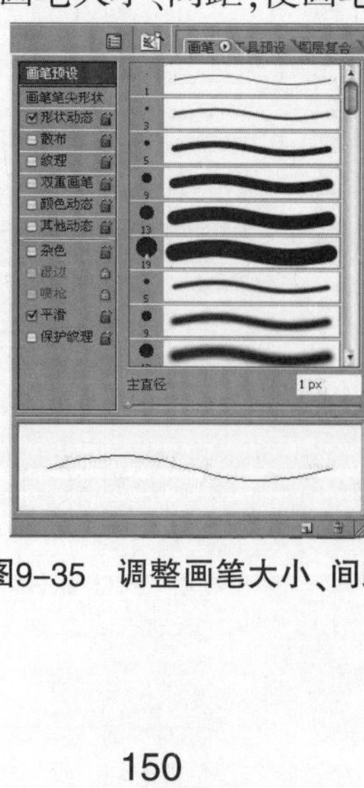

图9-35 调整画笔大小、间距

5.使用自定义的画笔，并描边路径，得到一根线条流畅的头发，如图9-36所示。

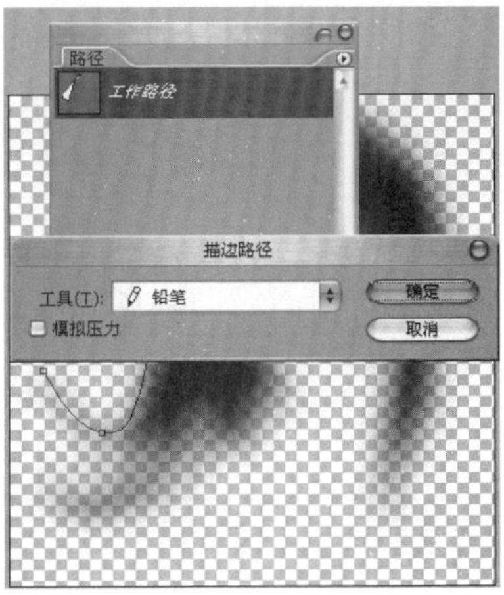

图9-36 描边路径

6.按Ctrl+H，隐藏路径，使用手摸工具，在一根头发的两端进行涂摸，使之过渡自然，并反复拷贝、移动、旋转该头发，得到“第一组”头发，如图9-37所示。

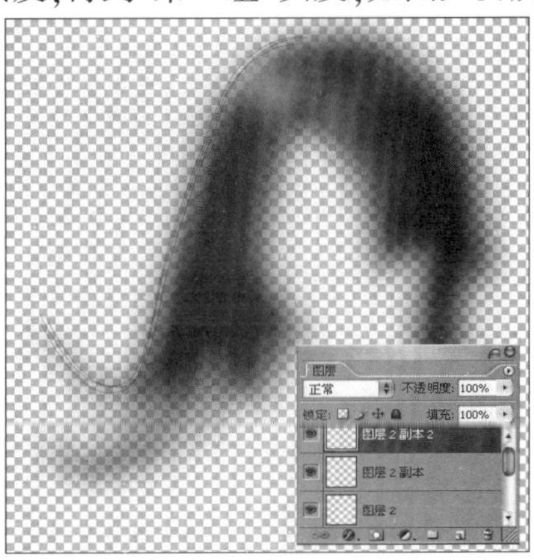

图9-37 得到一组头发

7.将“第一组”头发，合并在一个透明图层，再反复拷贝该图层，对各图层进行移动、旋转得到新的“第一束”头发，如图9-38所示。

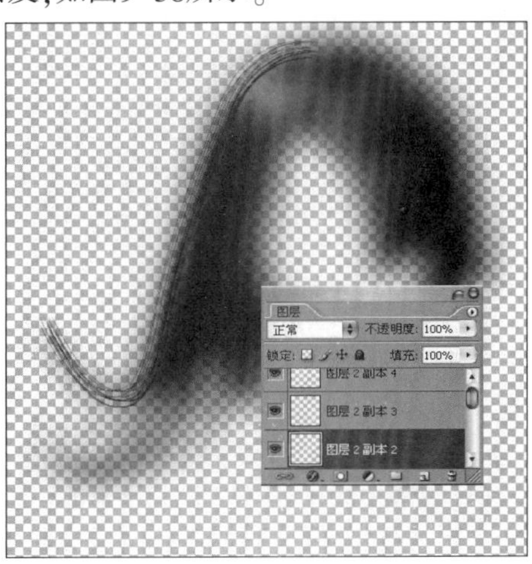

图9-38 新的一束头发

8.建立新路径，建立新图层，使用钢笔工具绘制出“第 2 根”头发飘逸方向的路经，调整线条直到流畅，如图 9-39 所示。

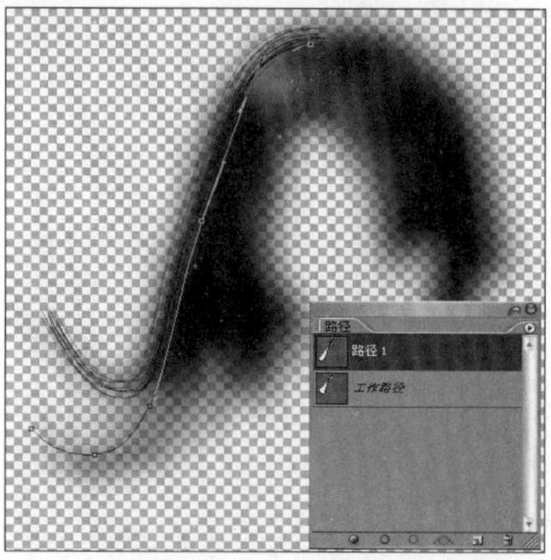

图9-39 使用钢笔工具绘制出"第2根"头发路经

9. 按 Ctrl+H，隐藏路径，使用手摸工具，在一根头发的两端进行涂摸，使之过渡自然，并反复拷贝、移动、旋转该头发，得到“第二组”头发，如图 9-40 所示。

图9-40 “第二组”头发

10.将“第二组”头发，合并在一个透明图层，再反复拷贝该图层，对各图层进行移动、旋转得到新的一束头发，如图 9-41 所示。

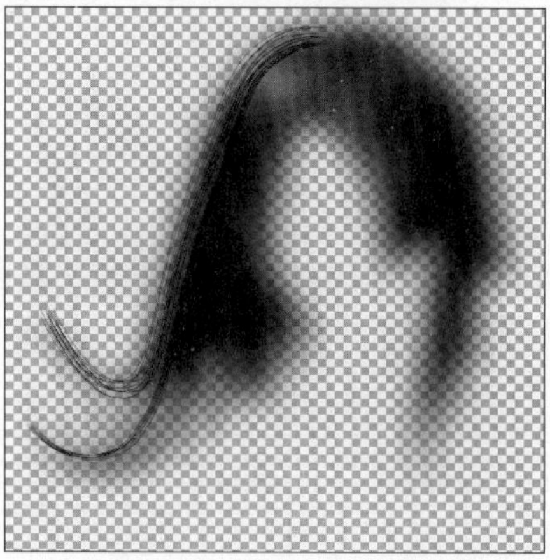

图9-41 反复拷贝该图层

11. 将“第二组”头发，合并在一个透明图层，再反复拷贝该图层，对各图层进行移动、旋转得到新的一束头发，如图 9-42 所示。

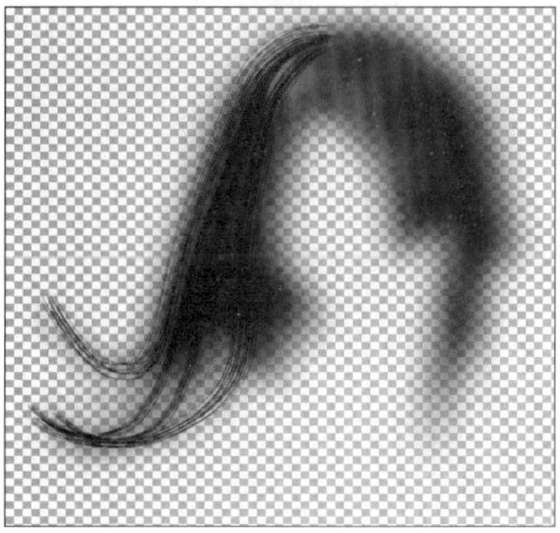

图9-42　得到“第二束”头发

12.绘制“第三束”“第四束”头发，如图 9-43 所示。

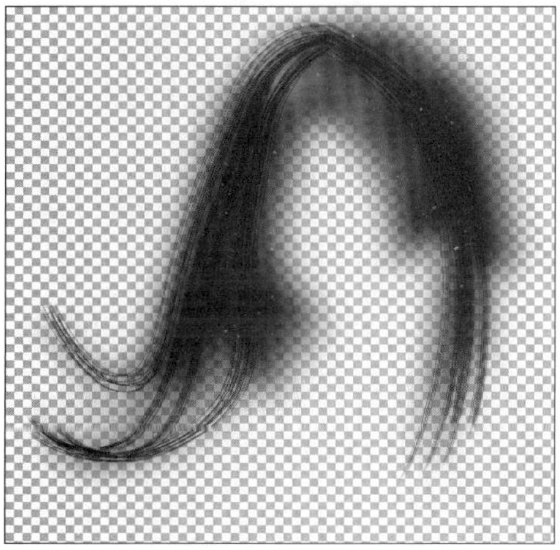

图9-43　绘制“第三束”、“第四束”头发

13. 以此类推，绘制“第五束”“第六束”……，如图 9-44~9-47 所示。

图9-44　绘制“第五束”头发

图9-45　绘制“第六束”头发

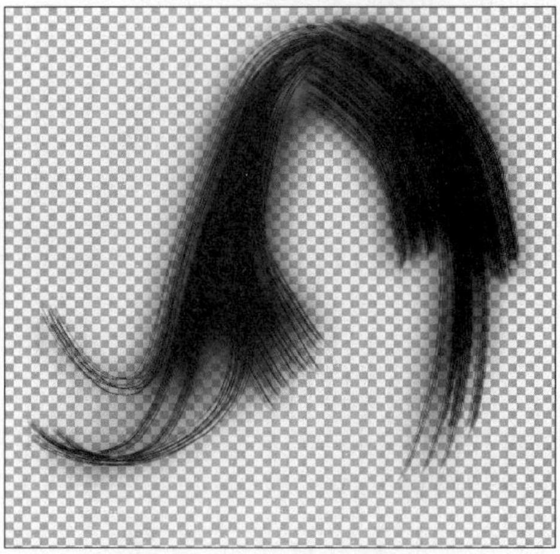

图9-46　绘制“第七束”头发

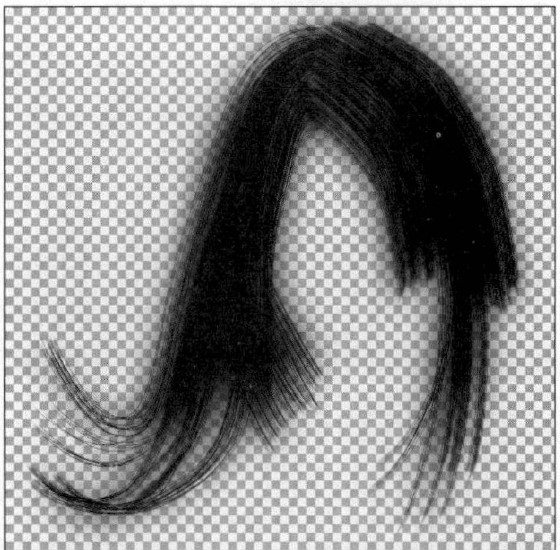

图9-47　绘制“第八束”……头发

14.使用钢笔工具，根据头发飘逸方向的不同，绘制出不同的路径，如图 9–48 所示。

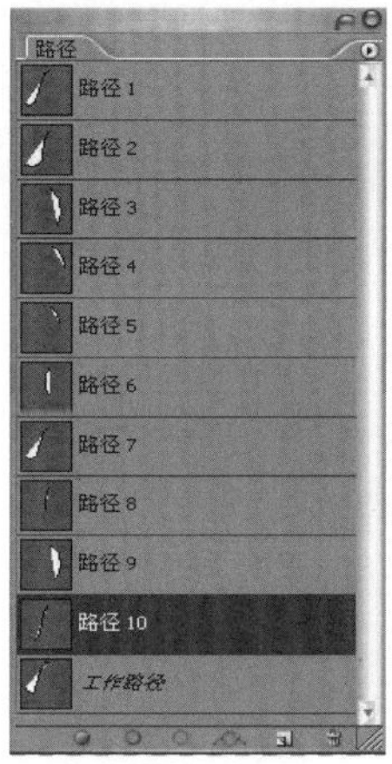

图9–48 根据头发飘逸方向的不同，绘制出不同的路径

15.使用模糊工具，将头发靠近背景的地方进行适当的模糊；使用锐化工具（笔粗为 15 的羽化效果），把头发的亮部几根发丝进行适当的锐化；使用画笔在需要的地方添加几根其他颜色的发丝，这样头发的制作基本完成，最终效果如图 9–49 所示。

图9–49 头发最终效果图

9.4.3 平涂法

1.打开Photoshop CS软件，新建一个文件，文件名为“平涂法表现头发”，图像大小设置为15cm×18cm，RGB颜色模式，分辨率200dpi，白色背景，如图9–50所示。

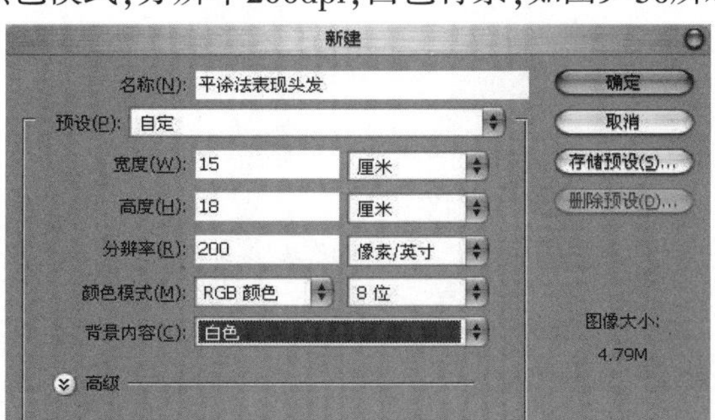

图9–50 头发最终效果图

2. 新建图层，使用钢笔工具绘制出头发外轮廓的路径，调整线条直到流畅，如图 9-51 所示。

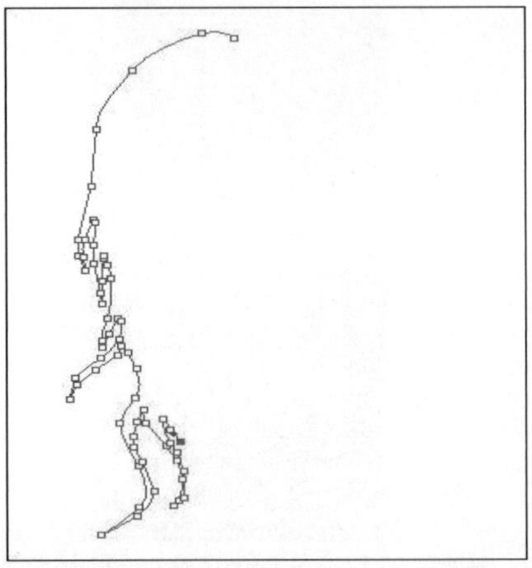

图9-51　使用钢笔工具绘制出头发外轮廓的路径

3.将路径变成选区，如图 9-52 所示。

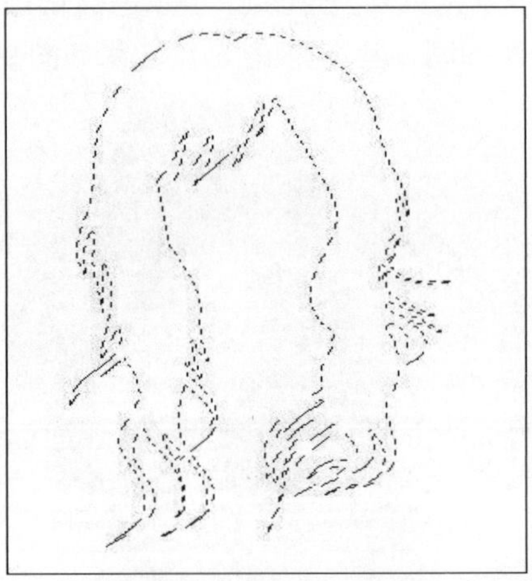

图9-52　将路径变成选区

4.使用中间色 RGB(50,50,50)填色，如图 9-53 所示。

图9-53　使用中间色RGB(50,50,50)填色

5. 新建图层，使用钢笔工具绘制出头发左侧暗部的路径，调整线条直到流畅，如图9-54 所示。

图9-54 使用钢笔工具绘制出头发左侧暗部的路径

6. 使用黑色 RGB(0，0，0)填色路径，如图 9-55 所示。

图9-55 使用黑色RGB(0，0，0)填色

7. 新建图层，使用钢笔工具绘制出头发右侧暗部的路径，调整线条直到流畅，如图9-56 所示。

图9-56 使用钢笔工具绘制出头发右侧暗部的路径

8. 使用黑色 RGB(0,0,0)填色路径，如图 9-57 所示。

图9-57 使用黑色RGB(0,0,0)填色路径

9. 新建图层，使用钢笔工具绘制出头发顶部暗部的路径，调整线条直到流畅，如图 9-58 所示。

图9-58 使用钢笔工具绘制出头发顶部暗部的路径

10. 使用黑色 RGB(0,0,0)填色路径，如图 9-59 所示。

图9-59 使用黑色RGB(0,0,0)填色路径

11. 新建图层，使用钢笔工具绘制出头发左侧亮部的路径，调整线条直到流畅，如图9-60所示。

图9-60 使用钢笔工具绘制出头发左侧亮部的路径

12. 新建图层，使用钢笔工具绘制出头发右侧亮部的路径，调整线条直到流畅，如图9-61所示。

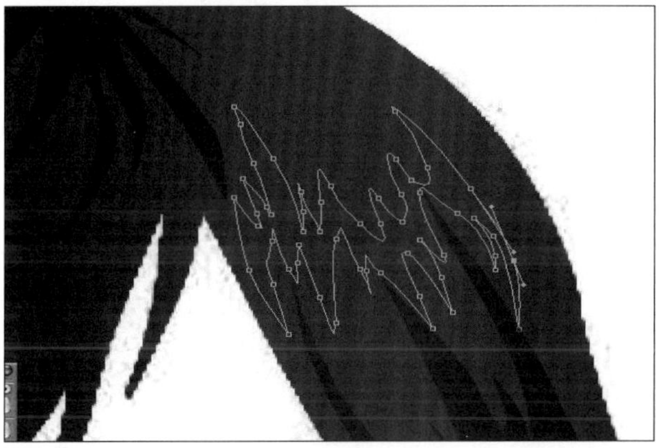

图9-61 使用钢笔工具绘制出头发右侧亮部的路径

13. 使用浅灰色RGB(100,100,100)填色路径，如图9-62所示。

图9-62 使用浅灰色RGB(100,100,100)填色路径

14.反复使用相同方法，绘制头发下部亮部的路径并使用浅灰色 RGB(100，100，100)填色路径，最终效果如图 9-63 所示。

图9-63　头发最终效果

练习与思考

1.线描头像的构图原则有哪些？

2.皮肤的表现常用哪些工具来实现？

3.头发的表现方法有哪些？

4.图像的明暗关系用哪些工具来实现？

第10章　服装效果图像表现技法应用实例

10.1　相关知识介绍

10.1.1　定义

服装效果图是指表现人体在特定时间、特殊场所穿着服装效果的图。服装效果图通常包括人体着装图、设计构思说明、采用面料分析。

10.1.2　服装效果图的分类

服装效果图一般分为两类:一类是服装插画,属于商业性绘画,用于广告宣传,强调绘画技巧,突出整体的艺术气氛与视觉效果。另一类是服装效果图用于表达服装艺术构思和工艺构思的效果与要求。服装效果图强调设计新意,注重服装的着装具体形态以及细节描写,便于在制作中准确把握,以保证成衣在艺术和工艺上都能完美地体现设计意图。

10.1.3　服装效果图的内容和表达方式

服装效果图一般采用写实的方法准确表现人体着装效果。注意头、肩、腰、臀的方向位置和比例关系,一般时装画常用比例8~8.5个头长的体形比例,以取得优美的形态感。设计的新意要点要在图中进行强调以吸引人的注目,细节部分要仔细刻画。服装效果图的模特采用的姿态以最利于体现设计构思和穿着效果的角度和动态为标准。要注意掌握好人体的重心,维持整体平衡。服装效果图可用水粉、水彩、素描、电脑等多种绘画方式加以表达。电脑服装效果图要善于灵活利用不同软件、不同工具的特殊表现力,表现变化多样、质感丰富的服装面料和服饰效果。电脑服装效果图整体上要求人物造型轮廓清晰、动态优美、用笔简炼、色彩明朗、绘画技巧娴熟流畅,能充分体现设计意图,给人以艺术的感染力。

10.2　全身线描稿服装效果图表现

1.打开Photoshop CS软件,新建一个文件,文件名为“职业女装”,图像大小设置为12cm×24cm,RGB颜色模式,分辨率200dpi,白色背景,如图10-1所示。

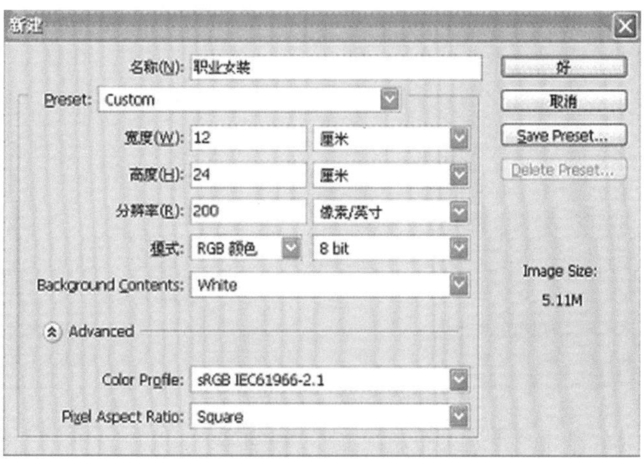

图10-1　新建文件

2.选择工具箱的钢笔工具 ，设置选项如图10-2所示。

图10-2　钢笔工具选项栏

3.使用【钢笔工具】、【自由钢笔工具】拖出发型、脸部五官的主要线条，然后用【添加锚点工具】或【删除锚点工具】或【转换点工具】修改，在转折点上面拉出调节杠杆，调动到圆顺的效果。新建“头部”的图层，并用预设铅笔工具描边路径完成头部线描稿如图10-3所示。

图10-3　头部线描稿

4.用【钢笔工具】绘制“风衣”的路径，新建“风衣”的图层，并用预设铅笔工具描边路径完成风衣线描稿如图10-4所示。

图10-4　风衣线描稿

5.使用【钢笔工具】绘制“裙子”的路径，新建“裙子”的图层，并用预设铅笔工具描边路径完成裙子线描稿如图10-5所示。

图10-5　裙子线描稿

6.用【钢笔工具】绘制“腿及鞋部”的路径，新建“腿及鞋部”的图层，并用预设铅笔工具描边路径完成腿及鞋部线描稿如图10-6所示。

图10-6　腿及鞋部线描稿

7.使用【Ctrl】+【Shift】+【E】组合键，合并所有图层，完成的“职业女装"全身线描稿如图10-7所示。

图10-7　全身线描稿

10.3　全身线描稿上色

1.开上节制作好的全身线描稿，并复制“Background”为“背景副本”图层，将该图层模式改为“正片叠底”；分别设置前景色为接近于皮肤的颜色RGB(237，212，195)，用油漆桶工具在背景层上给脸部皮肤进行填色；设置前景色为RGB(207，204，202)，用油漆桶工具在背景层上给头发进行填色，设置参数如图10-8所示。

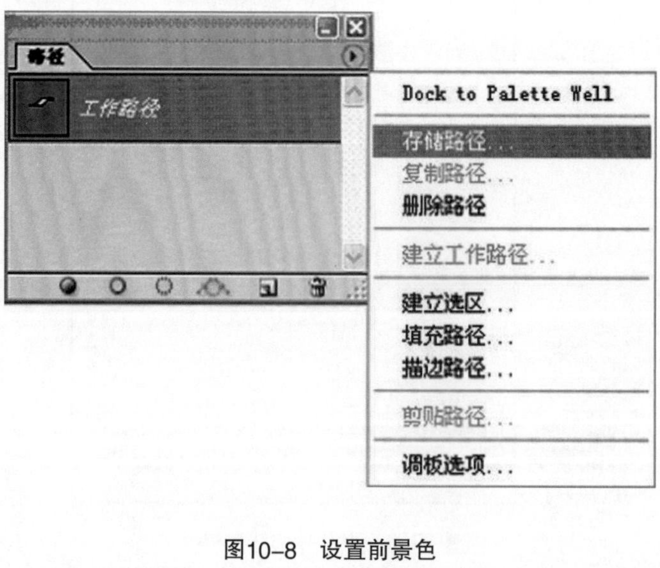

图10-8　设置前景色

2.脸部、头发填色效果如图10-9所示。

图10-9　脸部、头发填色效果

3.选工具箱画笔工具，在画笔预设面板上设置选项如图10-10所示。

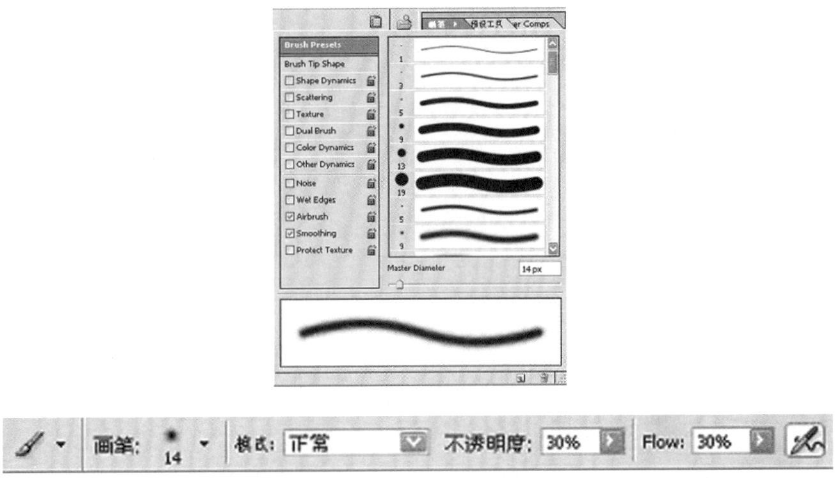

图10-10　画笔工具设置选项

4.新建“图层2”，把头发当成有体积的物体来画，先分面，再分绺，最后在加层次，刻画细节放到最后给头发进行明暗关系的处理，头发的层次先深后浅，尽量画顺畅，注意疏密，表现效果如图10-11示。

图10-11　头发明暗关系的处理效果

5.加深工具、减淡工具设置参数如图10-12所示。

图10-12　加深工具、减淡工具设置参数

6.使用加深工具来表现脸部的暗部，用减淡工具来提亮，反复工作直到均匀的效果，并分别给五官上色，如图10-13所示。

图10-13　脸部的明暗表现

7.新建名为“内衣”的图层，如图10-14所示。

图10-14　新建名为“内衣”的图层

8.在背景层上用【魔棒工具】将“内衣”变成选区，综合使用【填色工具】、【画笔工具】、【加深工具】、【减淡工具】给内衣上色，效果图10-15所示。

图10-15　内衣上色

9.新建名为“风衣”的图层，打开【自定颜色】窗口，设置前景色，“自定颜色”设置参数如图10-16所示。

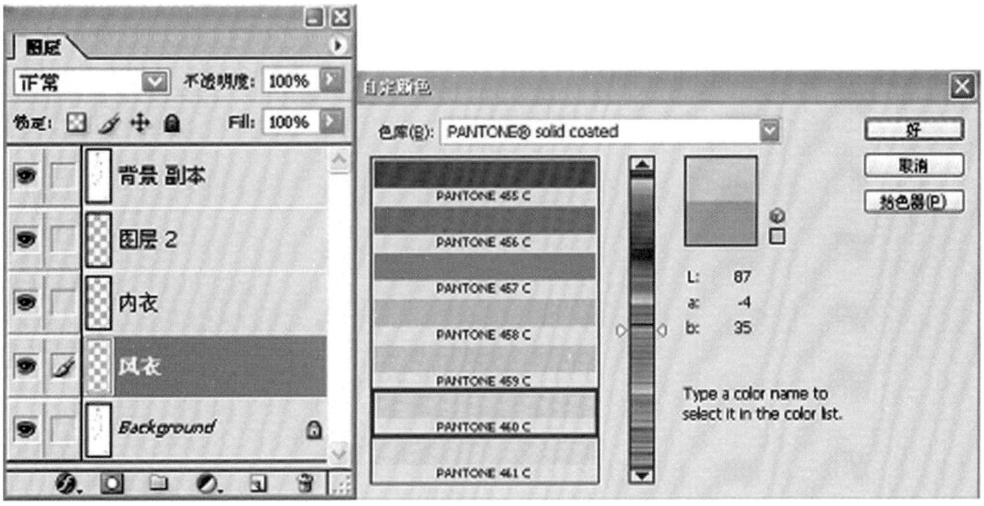

图10-16　新建图层；“自定颜色”设置参数

10.在背景层上用【魔棒工具】将“风衣”全部变成选区，回到“风衣”的图层，用前景色填充“风衣”，效果如图10-17所示。

图10-17 “风衣”填色

11.加深工具、减淡工具设置参数如图10-18所示。

图10-18 加深工具、减淡工具设置参数

12.使用设置的加深工具、减淡工具对“风衣”的大体明暗层次进行表现，反复进行直到效果如图10-19所示。

图10-19 “风衣”的明暗层次进行表现

13.使用设置的加深工具、减淡工具分别对“风衣”的衣领、肩部、袖部明暗立体感作更进一步强化表现，反复进行直到效果如图10-20所示。

图10-20　衣领、肩部、袖部明暗立体感进一步强化表现

14.使用同样的处理方法，分别对“风衣”的衣身、门襟部位明暗立体感作更进一步强化表现，反复进行直到效果如图10-21所示。

图10-21　衣身、门襟部位明暗立体感表现

15.使用上述工具，对袖子的衣纹部位明暗立体感作更进一步强化表现，反复进行直到效果如图10-22所示。

图10-22　袖子的衣纹部位明暗立体感表现

16.使用加深工具、减淡工具，对“风衣”的腰带、口袋部位明暗立体感作更进一步强化表现，反复进行直到效果如图10-23所示。

图10-23　腰带、口袋部位明暗立体感表现

17.新建名为“肤色”的图层如图10-24所示；使用上述的技法对手部、腿部皮肤进行上色及明暗表现，完成的效果如图10-25所示。

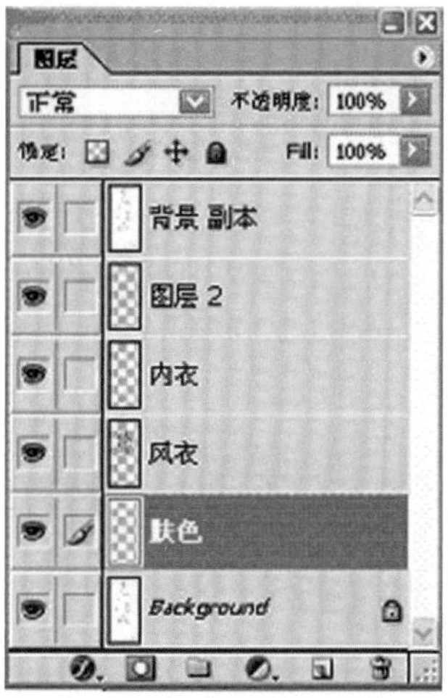

图10-24　新建名为“肤色”的图层

图10-25　手部、腿部皮肤明暗表现

18.新建名为“裙子”的图层，设置前景色为RGB(194，194，194)的浅灰色，设置参数如图10-26所示。

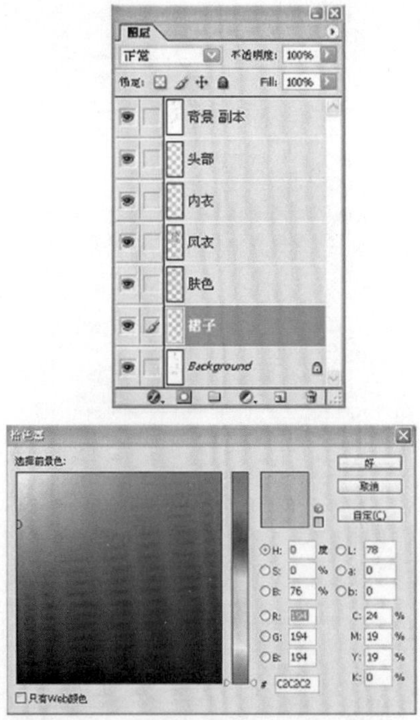

图10-26　新建图层并设置前景色

19.背景层上用【魔棒工具】将“裙子”全部变成选区，回到“裙子”的图层，用前景色填充“裙子”，效果如图10-27所示。

图10-27　“裙子”上色

20.单击工具箱渐变工具，设置参数如图10-28所示。

图10-28 渐变工具设置参数

21.使用渐变工具对“裙子”从上至下直线渐变，效果如图10-29所示。

图10-29 “裙子”渐变效果

22.加深工具、减淡工具设置参数如图10-30所示。

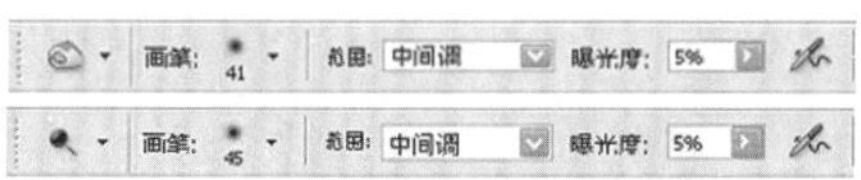

图10-30 加深工具、减淡工具设置参数

23.使用设置的加深工具、减淡工具对“裙子”的明暗层次进行表现，反复进行直到效果如图10-31所示。

图10-31 “裙子”的明暗层次表现

24.在背景层上用【魔棒工具】将“靴子”变成选区，设置前景色为黑色，用黑色填充选区，效果如图10-32所示。

图10-32 “靴子”黑色填充

25.减淡工具设置参数如图10-33所示。

图10-33 减淡工具设置参数

26.用减淡工具给“靴子”提亮反光区域，效果如图10-34所示。

图10-34 “靴子”提亮反光区域

27.完成的“职业女装”全身效果如图10-35所示。

图10-35 “职业女装”全身效果

28.新建名为“明线”的图层如图10-36所示。

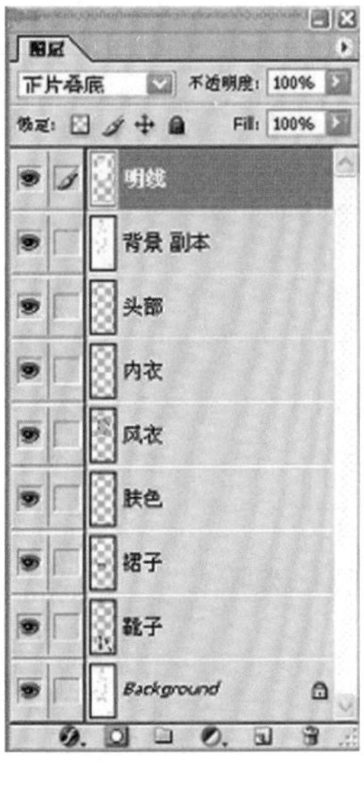

图10-36 新建图层

29.新建名为“虚线”的文件，宽度6像素、高度2像素，200dpi，填充黑色，注意必须是完全的黑色在定制好笔刷后才有100%的不透明度。如图10-37所示。

图10-37　填充黑色

30.选择【编辑】\【定义画笔】，在弹出对话框中录入名字，完成定义画笔，如图10-38所示。

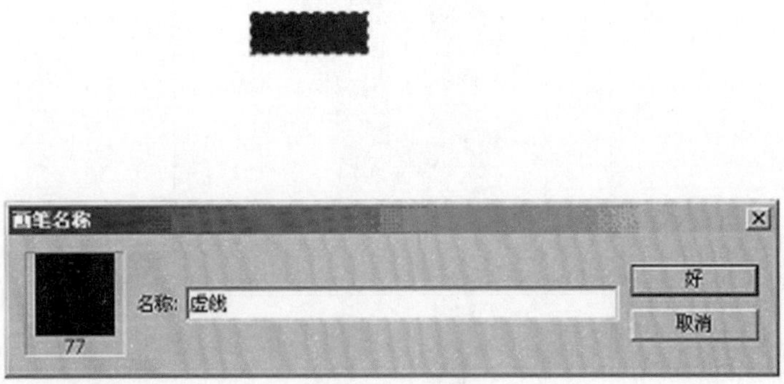

图10-38　定义画笔

31.选择笔刷编辑器，调整参数，注意大小和笔头的间距，用圆度可以控制虚线的宽度，如图10-39所示。

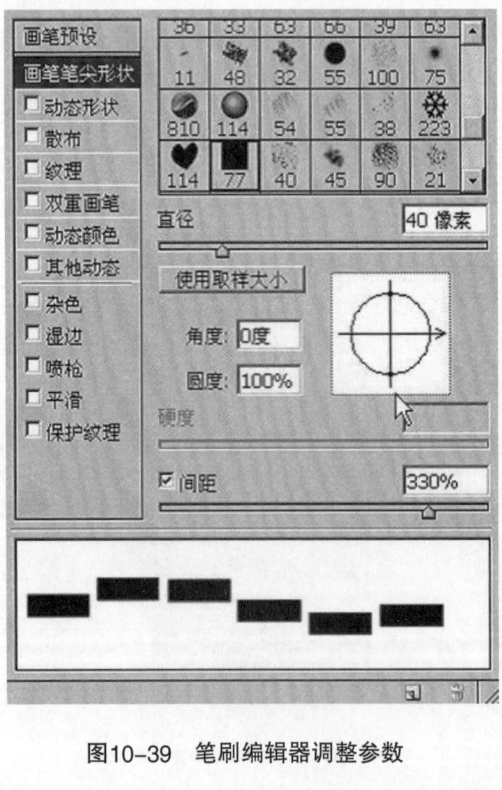

图10-39　笔刷编辑器调整参数

32.为了使虚线和运笔的方向一致，必须对“动态形状”项里的参数进行调整。在“角度控制”里选择方向即可，这样虚线画笔就设置好了，如图10-40所示。

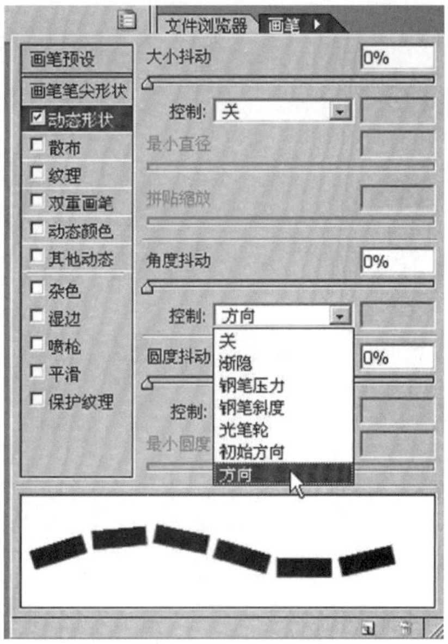

图10-40 “角度控制”设置

33.设置前景色为黑色，分别选择用【钢笔工具】绘制的服装上领面、门襟“明线”的路径，右击鼠标，选择【描边路径】，在【描边路径】对话框中选择【画笔工具】描边，这样在衣服上领面、门襟的相应位置出现沿着路径的虚线，再用【Delete键】来删除路径如图10-41所示。

图10-41 领面、门襟“明线”效果

34.按上述方法完成服装上腰带、口袋、袖口的“明线”绘制，如图10-42所示。

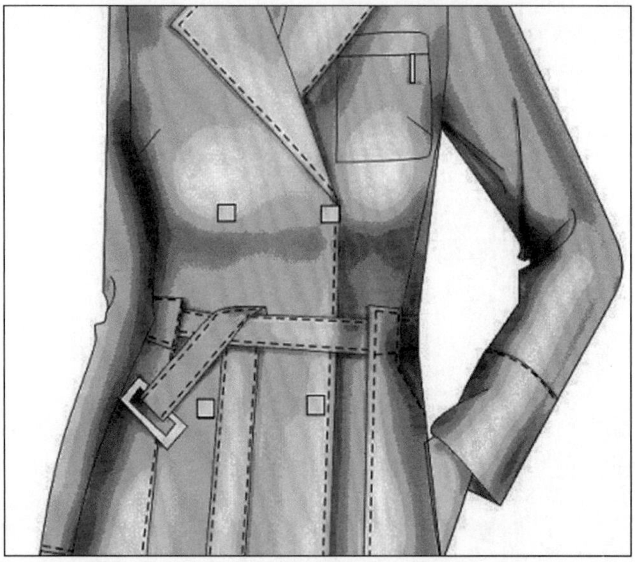

图10-42　腰带、口袋、袖口的“明线”绘制

35.完成“明线”绘制的全身服装效果图如图10-43所示。

图10-43　完成“明线”绘制的全身服装效果图

36.新建名为“钮扣”的图层，并绘制填充钮扣，双击该图层弹出“图层样式”对话框，设置参数如图10–44所示。

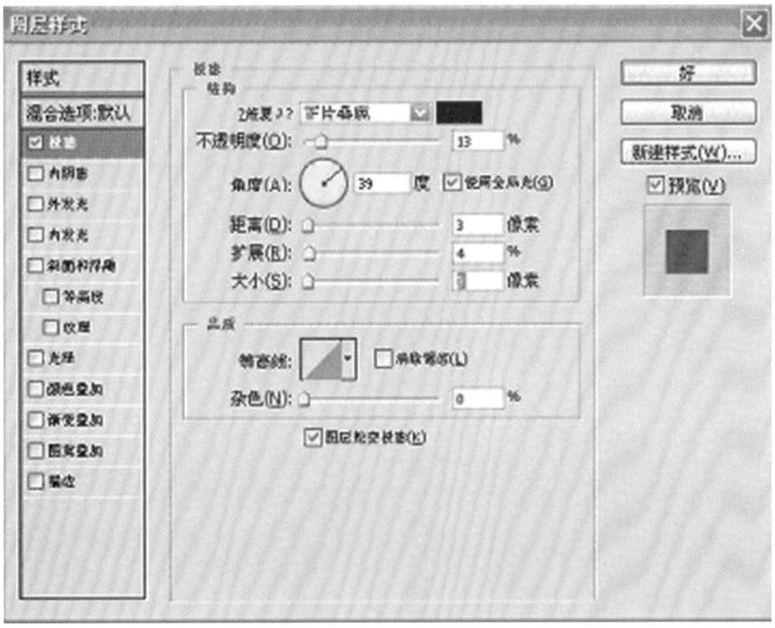

图10–44 “图层样式”设置参数

37.完成的钮扣立体效果如图10–45所示。

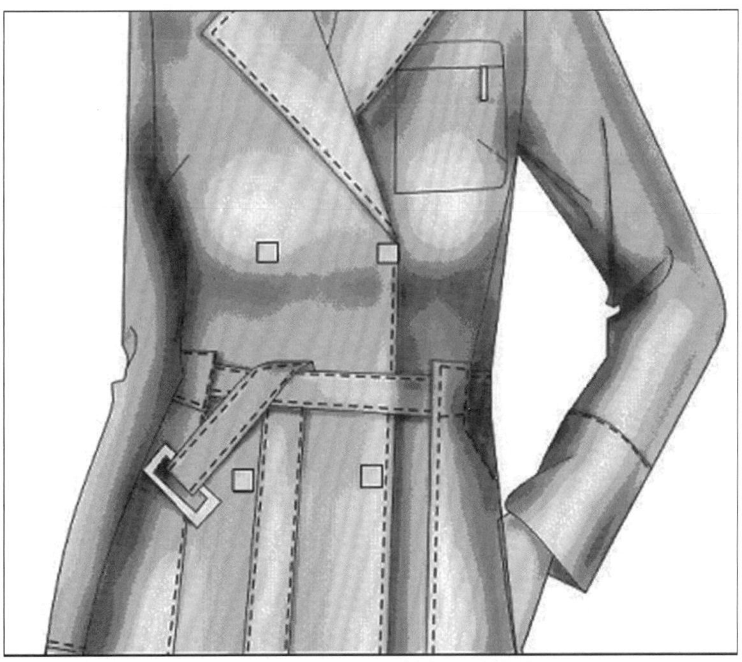

图10–45 钮扣立体效果

38.完成钮扣立体效果的“职业女装”整体效果如图10–46所示。

图10-46　完成钮扣立体效果的“职业女装”的整体效果

39.为了表现面料的质感，选中“风衣”的图层，执行菜单栏【滤镜】\【纹理】\【纹理化】命令，设置参数如图10-47所示。

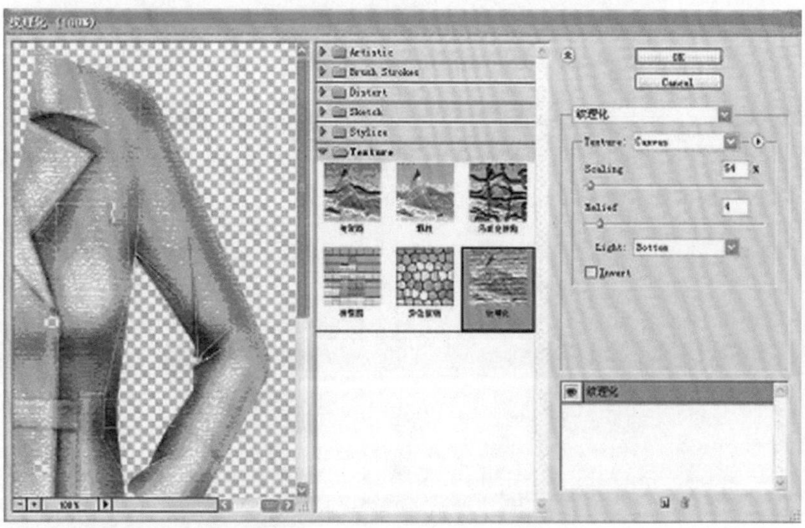

图10-47　纹理化设置参数

40.按“ok”键，完成的“风衣”面料的质感表现如图10-48所示。

图10-48 “风衣”面料的质感表现

41.选中“裙子”的图层，执行菜单栏【滤镜】\【纹理】\【纹理化】命令，设置参数如图10-49所示。

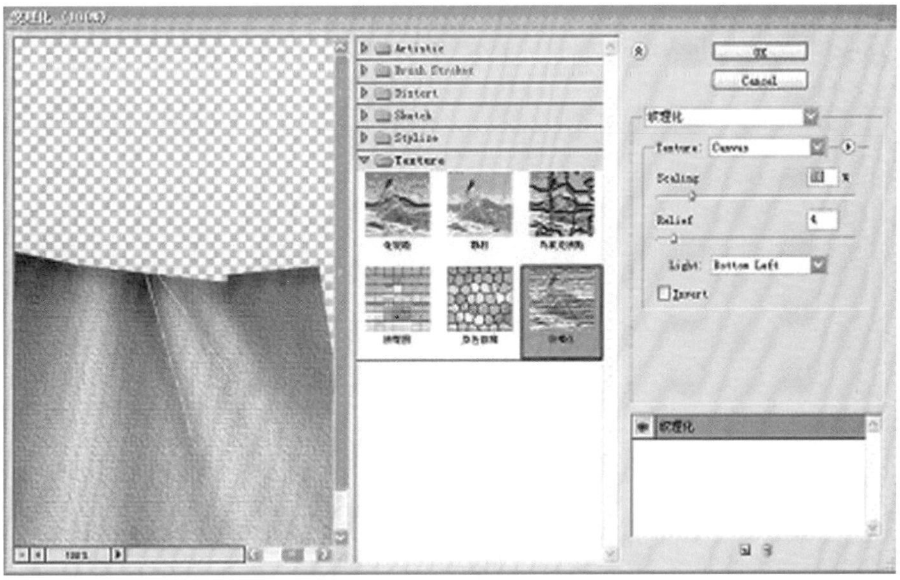

图10-49 纹理化设置参数

42.按“ok”键，完成的“裙子”面料的质感表现如图10-50所示。

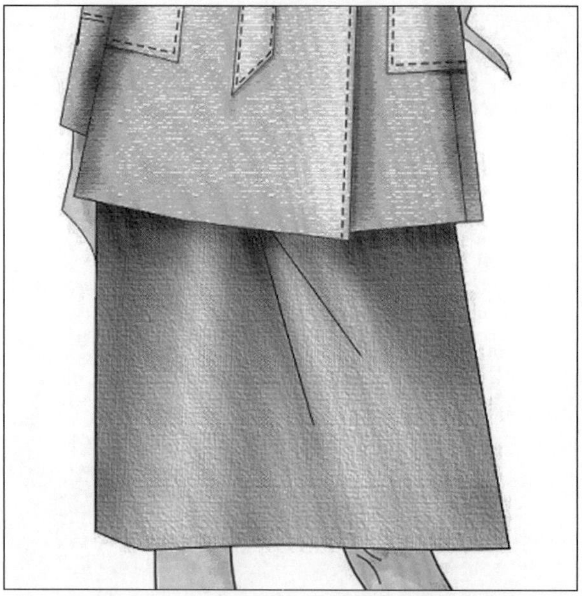

图10-50 “裙子”面料的质感表现

43.完成面料纹理化后服装整体效果如图10-51所示。

图10-51 面料纹理化后服装整体效果

44.为了渲染“职业女装”服装画的装饰效果，打开一幅装饰服装画，如图10-52所示。

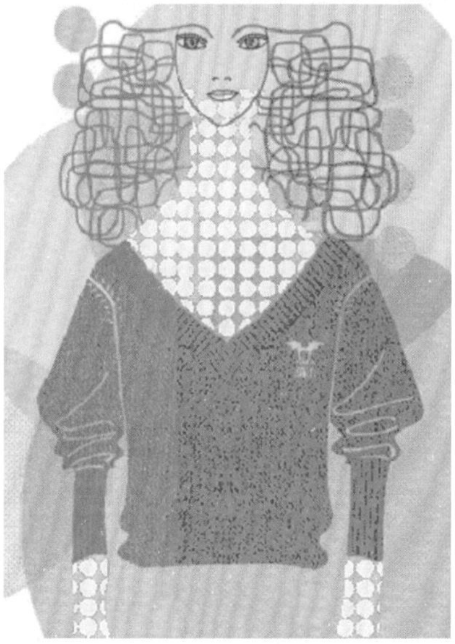

图10-52　打开一幅装饰服装画

45.将该窗口的装饰服装画用移动工具 直接拖到“职业女装”图形窗口，并放在“职业女装”服装效果图的最后面，最终完成的“职业女装”服装效果图如图10-53所示。

图10-53　最终完成的“职业女装”服装效果图

10.4 条形面料衣纹的表现技法

为了表现衣服的质感，常常通过扫描面料小样或用Photoshop CS绘图工具设计一块面料小样，使用定义图案的方法来进行面料纹理填充，一般纹理填充都只是简单地把平面纹理铺上，不考虑纹理应随着人体体表及衣服的褶皱起伏有相应的变化。特别是在条纹面料的质感表现时，用这种简单的面料纹理填充方法，效果平淡生硬，而使用Photoshop CS滤镜Liquify独特的扭曲功能来制作面料随人体体表及衣服褶皱起伏变化所达到的效果，与手工绘制服装效果图有过之而无不及。

10.4.1 Liquify工具简介

Liquify工具是Photoshop6.0以上版本所增有趣而强大的工具，运用Liquify工具可以制作出各种动态的图像变形效果，该工具可以将图形进行任意扭曲变形，通过参数滑块缩放来控制图片不同程度扭曲，并且可以多步骤恢复操作。打开Liquify插件面板，可以用命令Ctrl+Shift+X键，或用菜单面令Filter/Liquify弹出Liquify窗口即可，如图10-54为Liquify面板窗口对话框。

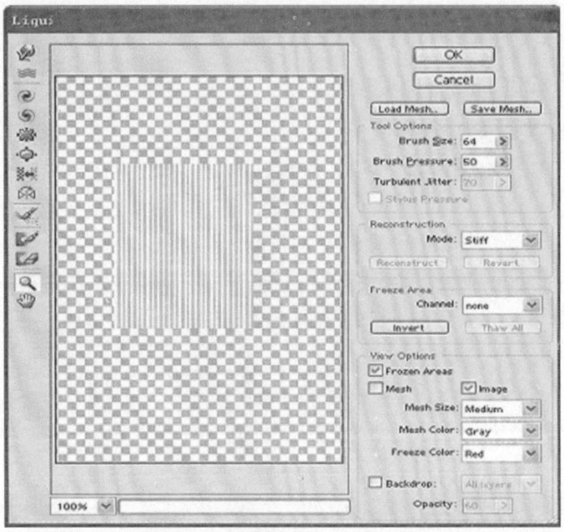

图10-54 Liquify命令对话框

对话框的左侧是工具箱，由上到下分别为：扭曲工具、顺时针旋转工具、逆时针旋转工具、折叠工具、膨胀工具、像素位移工具、镜像工具、重建工具、冻结工具和解冻工具。利用这些工具，就可以对图像或者变形区域进行系列的变形操作。话框的右侧是对话框，Tool Options栏为工具属性栏，Tool Options下的Brush size和Brush Pressure用来设置笔刷的大小和压力；Reconstruction栏为重建模式选项栏，分别是：Revert、Rigid、Stiff、Smooth、Loose、Displace、Amplitwist及Affine；Freeze Area的主要功能是通过新建通道设置蒙板；View Options栏用于控制面板上预览区的蒙板、图像、网格线颜色及蒙板颜色。

Liquify工具也有不足之处：比如不能像矢量图制作软件Coreldraw的封套功能一样，通过拖拉网格的节点进行扭曲变形，预览区只能显示当前图层的内容，而不能显示其他图层及背景的内容，这样对于需要有参考的变形操作来说，就不能有参照对象了，实际上我们往往需要的恰恰是有参照对象的、较准确的变形，而当前图层上只有扭曲的图案，在没有显示勾线线稿的情况下是无法进行所需操作的。为了解决这一矛盾，利用Photoshop CS的通道或蒙板工具，便可以巧妙地把要较准确的变形对象，通过预先由选区存储为通道，再在Liquify面板右侧Freeze Area选项栏中找到预先由选区存储的相应通道，用Liquify各种扭曲工具，按照面料纹理随人体体型和衣服褶皱起伏的变化进行扭曲了。

10.4.2 条形面料效果图质感表现实例

1.用Photoshop CS制作软件绘制一幅勾线线稿，在Photoshop CS中初步上色，渲染出暗部的调子，如图10-55所示。

图10-55 勾线线稿及初步上色

图10-56 条纹形面料小样

图10-57 条纹面料质感简单表现

2.在Photoshop以勾线线稿为背景层，新建图层，用填充和复制等工具绘制一幅条纹面料并定义成图案，如图10-56所示。

3.运用定义图案给勾线线稿进行图案填充，如图10-57所示。这是最常用的面料质感表现方法，但表现效果没有面料纹理的起伏变化，缺少真实感。而用Liquify工具可以真实地表现面料纹理的起伏变化。

4.分别为需要填充面料纹理的部位——衣身、衣领、袖子、裙子等建立选区，并分别由选区存储为通道1~8，如图10-58所示。

5.以勾线线稿为背景，条纹面料为新图层，并使条纹面料长宽大于衣身，以条纹面料为当前层，用命令Ctrl+Shift+X键，或用菜单面令Filter/Liquify，弹出Liquify窗口如图10-59所示。

6.在Liquify面板右侧找到FreezeArea/channel/衣身通道1(左右前衣片)，在预览区里出现颜色不同的通道形状内的可操作区和通道形状以外的蒙板区，如图10-59所示。

7. 用Liquify工具箱扭曲工具按照面料纹理随人体体型和衣服起伏变化规律进行扭曲，然后按确定键，并将左右前衣片通道载入，得到新选区，通过反选再将新选区以外的多余部分删除，结果如图10-59所示。值得注意的是：在使用Liquify工具箱扭曲工具的扭曲过程中，最好先在Tool Options下的Brushsize设置笔刷的参数滑块为最大，使面料纹理基本扭曲，大致符合人体体型和衣服褶皱起伏变化，再框选局部，由大到小使用Liquify工具箱的各种扭曲工具进一步扭曲变形，直到满意为止。

8.运用同样的办法，分别建立图层，先用直纹面料大致符合衣领、袖子、裙子的纹理走向，然后再使用Liquify工具箱的各种扭曲工具，依次完成符合人体体型和衣服褶皱起伏变化的面料纹理变化，效果如图10-60所示。

9.不同的条纹面料纹理表现效果比较，如图10-61所示。

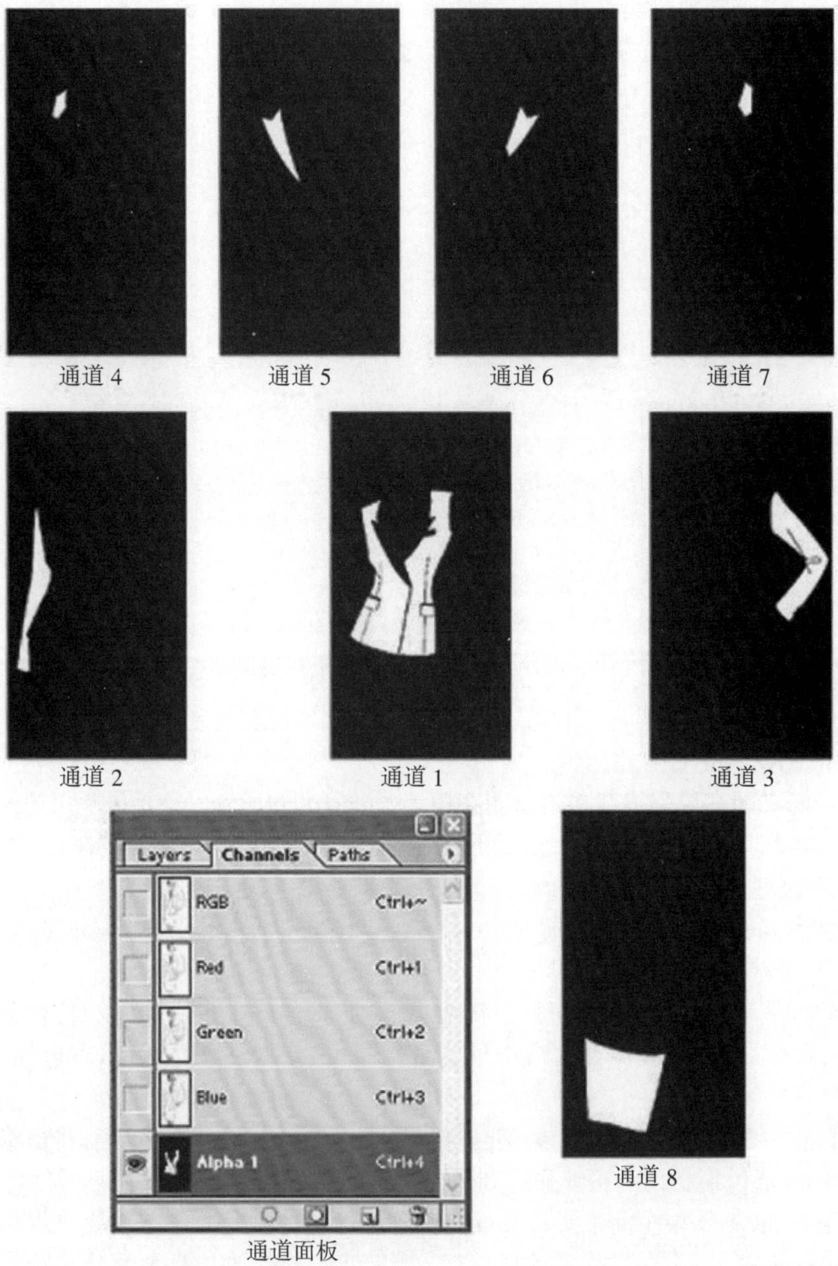

图10-58　衣身、衣领、袖子、裙子分别存储为通道1~8

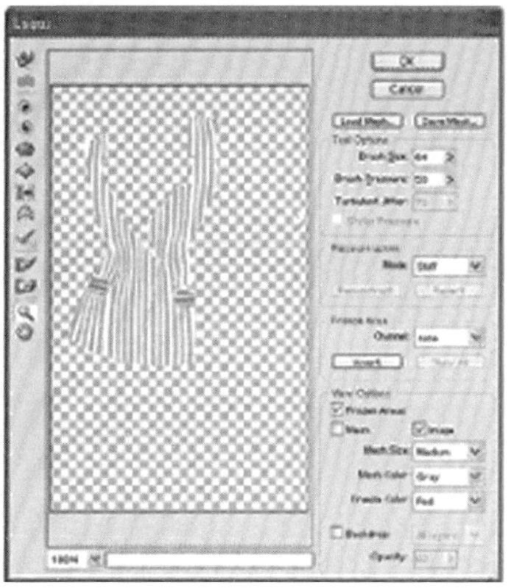

图10-59　衣身面料纹理扭曲变化

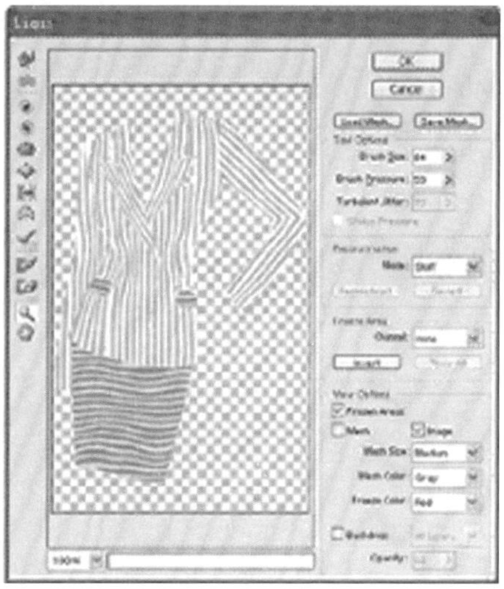

图10-60　衣身、衣领、袖子、裙子面料纹理变化合成

图10-61　不同的条纹面料纹理表现效果比较

练习与思考

1.阐述服装效果图的内容和表达方式。

2.绘制系列女装的服装效果图。

3.条形面料的纹理质地可以用哪些方法来实现。

附录1 Photoshop CS快捷键

1.工具箱

(多种工具共用一个快捷键的可同时按【Shift】加此快捷键选取)
矩形、椭圆选框工具【M】
裁剪工具【C】
移动工具【V】
套索、多边形套索、磁性套索【L】
魔棒工具【W】
喷枪工具【J】
画笔工具【B】
像皮图章、图案图章【S】
历史记录画笔工具【Y】
橡皮擦工具【E】
铅笔、直线工具【N】
模糊、锐化、涂抹工具【R】
减淡、加深、海棉工具【O】
钢笔、自由钢笔、磁性钢笔【P】
添加锚点工具【+】
删除锚点工具【-】
直接选取工具【A】
文字、文字蒙板、直排文字、直排文字蒙板【T】
度量工具【U】
直线渐变、径向渐变、对称渐变、角度渐变、菱形渐变【G】
油漆桶工具【K】
吸管、颜色取样器【I】
抓手工具【H】
缩放工具【Z】
默认前景色和背景色【D】
切换前景色和背景色【X】
切换标准模式和快速蒙板模式【Q】
标准屏幕模式、带有菜单栏的全屏模式、全屏模式【F】
临时使用移动工具【Ctrl】
临时使用吸色工具【Alt】
临时使用抓手工具【空格】
打开工具选项面板【Enter】
快速输入工具选项(当前工具选项面板中至少有一个可调节数字)【0】至【9】
循环选择画笔【或】
选择第一个画笔【Shift】+【
选择最后一个画笔【Shift】+】
建立新渐变(在“渐变编辑器”中)【Ctrl】+【N】

2.文件操作

新建图形文件【Ctrl】+【N】
用默认设置创建新文件【Ctrl】+【Alt】+【N】
打开已有的图像【Ctrl】+【O】
打开为...【Ctrl】+【Alt】+【O】

关闭当前图像【Ctrl】+【W】
保存当前图像【Ctrl】+【S】
另存为...【Ctrl】+【Shift】+【S】
存储副本【Ctrl】+【Alt】+【S】
页面设置【Ctrl】+【Shift】+【P】
打印【Ctrl】+【P】
打开“预置”对话框【Ctrl】+【K】
显示最后一次显示的“预置”对话框【Alt】+【Ctrl】+【K】
设置“常规”选项(在预置对话框中)【Ctrl】+【1】
设置“存储文件”(在预置对话框中)【Ctrl】+【2】
设置“显示和光标”(在预置对话框中)【Ctrl】+【3】
设置“透明区域与色域”(在预置对话框中)【Ctrl】+【4】
设置“单位与标尺”(在预置对话框中)【Ctrl】+【5】
设置“参考线与网格”(在预置对话框中)【Ctrl】+【6】
设置“增效工具与暂存盘”(在预置对话框中)【Ctrl】+【7】
设置“内存与图像高速缓存”(在预置对话框中)【Ctrl】+【8】

3.编辑操作

还原/重做前一步操作【Ctrl】+【Z】
还原两步以上操作【Ctrl】+【Alt】+【Z】
重做两步以上操作【Ctrl】+【Shift】+【Z】
剪切选取的图像或路径【Ctrl】+【X】或【F2】
拷贝选取的图像或路径【Ctrl】+【C】
合并拷贝【Ctrl】+【Shift】+【C】
将剪贴板的内容粘到当前图形中【Ctrl】+【V】或【F4】
将剪贴板的内容粘到选框中【Ctrl】+【Shift】+【V】
自由变换【Ctrl】+【T】
应用自由变换(在自由变换模式下)【Enter】
从中心或对称点开始变换 (在自由变换模式下)【Alt】
限制(在自由变换模式下)【Shift】
扭曲(在自由变换模式下)【Ctrl】
取消变形(在自由变换模式下)【Esc】
自由变换复制的像素数据【Ctrl】+【Shift】+【T】
再次变换复制的像素数据并建立一个副本【Ctrl】+【Shift】+【Alt】+【T】
删除选框中的图案或选取的路径【DEL】
用背景色填充所选区域或整个图层【Ctrl】+【BackSpace】或【Ctrl】+【Del】
用前景色填充所选区域或整个图层【Alt】+【BackSpace】或【Alt】+【Del】
弹出“填充”对话框【Shift】+【BackSpace】
从历史记录中填充【Alt】+【Ctrl】+【Backspace】

4.图像调整

调整色阶【Ctrl】+【L】
自动调整色阶【Ctrl】+【Shift】+【L】
打开曲线调整对话框【Ctrl】+【M】
在所选通道的曲线上添加新的点(“曲线”对话框中) 在图像中【Ctrl】加点按
在复合曲线以外的所有曲线上添加新的点(“曲线”对话框中)【Ctrl】+【Shift】加点按
移动所选点(“曲线”对话框中)【↑】/【↓】/【←】/【→】
以10点为增幅移动所选点以10点为增幅(“曲线”对话框中)【Shift】+【箭头】
选择多个控制点(“曲线”对话框中)【Shift】加点按
前移控制点(“曲线”对话框中)【Ctrl】+【Tab】

后移控制点(“曲线”对话框中)【Ctrl】+【Shift】+【Tab】
添加新的点(“曲线”对话框中) 点按网格
删除点(“曲线”对话框中)【Ctrl】加点按点
取消选择所选通道上的所有点(“曲线”对话框中)【Ctrl】+【D】
使曲线网格更精细或更粗糙(“曲线”对话框中)【Alt】加点按网格
选择彩色通道(“曲线”对话框中)【Ctrl】+【~】
选择单色通道(“曲线”对话框中)【Ctrl】+【数字】
打开“色彩平衡”对话框【Ctrl】+【B】
打开“色相/饱和度”对话框【Ctrl】+【U】
全图调整(在“色相/饱和度”对话框中)【Ctrl】+【~】
只调整红色(在“色相/饱和度”对话框中)【Ctrl】+【1】
只调整黄色(在“色相/饱和度”对话框中)【Ctrl】+【2】
只调整绿色(在“色相/饱和度”对话框中)【Ctrl】+【3】
只调整青色(在“色相/饱和度”对话框中)【Ctrl】+【4】
只调整蓝色(在“色相/饱和度”对话框中)【Ctrl】+【5】
只调整洋红(在“色相/饱和度”对话框中)【Ctrl】+【6】
去色【Ctrl】+【Shift】+【U】
反相【Ctrl】+【I】

5.图层操作

从对话框新建一个图层【Ctrl】+【Shift】+【N】
以默认选项建立一个新的图层【Ctrl】+【Alt】+【Shift】+【N】
通过拷贝建立一个图层【Ctrl】+【J】
通过剪切建立一个图层【Ctrl】+【Shift】+【J】
与前一图层编组【Ctrl】+【G】
取消编组【Ctrl】+【Shift】+【G】
向下合并或合并联接图层【Ctrl】+【E】
合并可见图层【Ctrl】+【Shift】+【E】
盖印或盖印联接图层【Ctrl】+【Alt】+【E】
盖印可见图层【Ctrl】+【Alt】+【Shift】+【E】
将当前层下移一层【Ctrl】+【
将当前层上移一层【Ctrl】+】
将当前层移到最下面【Ctrl】+【Shift】+【
将当前层移到最上面【Ctrl】+【Shift】+】
激活下一个图层【Alt】+【
激活上一个图层【Alt】+】
激活底部图层【Shift】+【Alt】+【
激活顶部图层【Shift】+【Alt】+】
调整当前图层的透明度(当前工具为无数字参数的,如移动工具)【0】至【9】
保留当前图层的透明区域(开关)【/】
投影效果(在“效果”对话框中)【Ctrl】+【1】
内阴影效果(在“效果”对话框中)【Ctrl】+【2】
外发光效果(在“效果”对话框中)【Ctrl】+【3】
内发光效果(在“效果”对话框中)【Ctrl】+【4】
斜面和浮雕效果(在“效果”对话框中)【Ctrl】+【5】
应用当前所选效果并使参数可调(在“效果”对话框中)【A】
图层混合模式
循环选择混合模式【Alt】+【-】或【+】
正常【Ctrl】+【Alt】+【N】
阈值(位图模式)【Ctrl】+【Alt】+【L】
溶解【Ctrl】+【Alt】+【I】

背后【Ctrl】+【Alt】+【Q】
清除【Ctrl】+【Alt】+【R】
正片叠底【Ctrl】+【Alt】+【M】
屏幕【Ctrl】+【Alt】+【S】
叠加【Ctrl】+【Alt】+【O】
柔光【Ctrl】+【Alt】+【F】
强光【Ctrl】+【Alt】+【H】
颜色减淡【Ctrl】+【Alt】+【D】
颜色加深【Ctrl】+【Alt】+【B】
变暗【Ctrl】+【Alt】+【K】
变亮【Ctrl】+【Alt】+【G】
差值【Ctrl】+【Alt】+【E】
排除【Ctrl】+【Alt】+【X】
色相【Ctrl】+【Alt】+【U】
饱和度【Ctrl】+【Alt】+【T】
颜色【Ctrl】+【Alt】+【C】
光度【Ctrl】+【Alt】+【Y】
去色 海棉工具+【Ctrl】+【Alt】+【J】
加色 海棉工具+【Ctrl】+【Alt】+【A】
暗调 减淡/加深工具+【Ctrl】+【Alt】+【W】
中间调 减淡/加深工具+【Ctrl】+【Alt】+【V】
高光 减淡/加深工具+【Ctrl】+【Alt】+【Z】

6.选择功能

全部选取【Ctrl】+【A】
取消选择【Ctrl】+【D】
重新选择【Ctrl】+【Shift】+【D】
羽化选择【Ctrl】+【Alt】+【D】
反向选择【Ctrl】+【Shift】+【I】
路径变选区 数字键盘的【Enter】
载入选区【Ctrl】+点按图层、路径、通道面板中的缩约图

7.滤镜

按上次的参数再做一次上次的滤镜【Ctrl】+【F】
退去上次所做滤镜的效果【Ctrl】+【Shift】+【F】
重复上次所做的滤镜(可调参数)【Ctrl】+【Alt】+【F】
选择工具(在“3D变化”滤镜中)【V】
立方体工具(在“3D变化”滤镜中)【M】
球体工具(在“3D变化”滤镜中)【N】
柱体工具(在“3D变化”滤镜中)【C】
轨迹球(在“3D变化”滤镜中)【R】
全景相机工具(在“3D变化”滤镜中)【E】

8.视图操作

显示彩色通道【Ctrl】+【~】
显示单色通道【Ctrl】+【数字】
显示复合通道【~】
以CMYK方式预览(开关)【Ctrl】+【Y】
打开/关闭色域警告【Ctrl】+【Shift】+【Y】
放大视图【Ctrl】+【+】

缩小视图【Ctrl】+【-】
满画布显示【Ctrl】+【0】
实际像素显示【Ctrl】+【Alt】+【0】
向上卷动一屏【PageUp】
向下卷动一屏【PageDown】
向左卷动一屏【Ctrl】+【PageUp】
向右卷动一屏【Ctrl】+【PageDown】
向上卷动10个单位【Shift】+【PageUp】
向下卷动10个单位【Shift】+【PageDown】
向左卷动10个单位【Shift】+【Ctrl】+【PageUp】
向右卷动10个单位【Shift】+【Ctrl】+【PageDown】
将视图移到左上角【Home】
将视图移到右下角【End】
显示/隐藏选择区域【Ctrl】+【H】
显示/隐藏路径【Ctrl】+【Shift】+【H】
显示/隐藏标尺【Ctrl】+【R】
显示/隐藏参考线【Ctrl】+【;】
显示/隐藏网格【Ctrl】+【“】
贴紧参考线【Ctrl】+【Shift】+【;】
锁定参考线【Ctrl】+【Alt】+【;】
贴紧网格【Ctrl】+【Shift】+【”】
显示/隐藏“画笔”面板【F5】
显示/隐藏“颜色”面板【F6】
显示/隐藏“图层”面板【F7】
显示/隐藏“信息”面板【F8】
显示/隐藏“动作”面板【F9】
显示/隐藏所有命令面板【TAB】
显示或隐藏工具箱以外的所有调板【Shift】+【TAB】

9.文字处理(在“文字工具”对话框中)

左对齐或顶对齐【Ctrl】+【Shift】+【L】
中对齐【Ctrl】+【Shift】+【C】
右对齐或底对齐【Ctrl】+【Shift】+【R】
左/右选择1个字符【Shift】+【←】/【→】
下/上选择1行【Shift】+【↑】/【↓】
选择所有字符【Ctrl】+【A】
选择从插入点到鼠标点按点的字符【Shift】加点按
左/右移动1个字符【←】/【→】
下/上移动1行【↑】/【↓】
左/右移动1个字【Ctrl】+【←】/【→】
将所选文本的文字大小减小2点像素【Ctrl】+【Shift】+【[$lt]】
将所选文本的文字大小增大2点像素【Ctrl】+【Shift】+【[$gt]】
将所选文本的文字大小减小10点像素【Ctrl】+【Alt】+【Shift】+【[$lt]】
将所选文本的文字大小增大10点像素【Ctrl】+【Alt】+【Shift】+【[$gt]】
将行距减小2点像素【Alt】+【↓】
将行距增大2点像素【Alt】+【↑】
将基线位移减小2点像素【Shift】+【Alt】+【↓】
将基线位移增加2点像素【Shift】+【Alt】+【↑】
将字距微调或字距调整减小20/1000ems【Alt】+【←】
将字距微调或字距调整增加20/1000ems【Alt】+【→】
将字距微调或字距调整减小100/1000ems【Ctrl】+【Alt】+【←】
将字距微调或字距调整增加100/1000ems【Ctrl】+【Alt】+【→】

后　记

随着科技的发展以及计算机的普及，计算机已被广泛应用于各个领域，在服装设计方面也不例外，计算机辅助服装设计已经被众多服装设计师所钟爱，而且也是一种趋势。

计算机辅助服装设计除了有一定的艺术欣赏价值之外，更重要的还是表现设计师的设计意念，把设计稿变成成衣。

在此，我谨向提供有关资料的王艺、张婷婷、罗怡然、郑红霞、薛柏杉等致以深深的谢忱。

附录2 作品欣赏

标志设计

手提袋设计

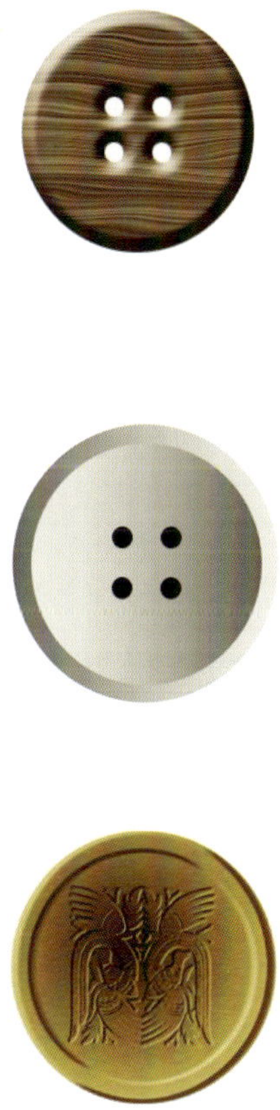

钮扣设计

笔记本电脑箱包设计

图案设计

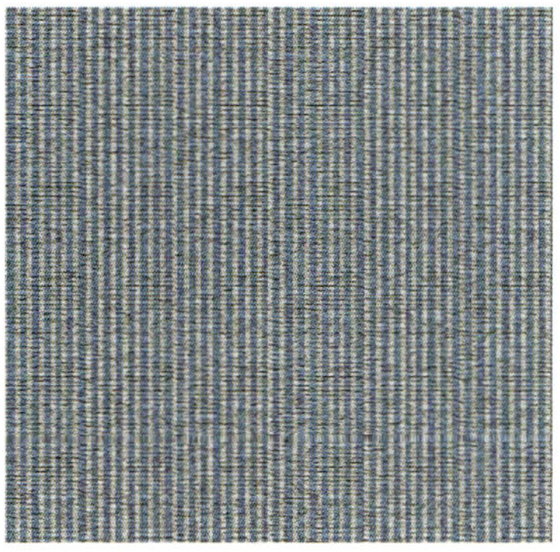
条纹面料

方格面料

迷彩面料

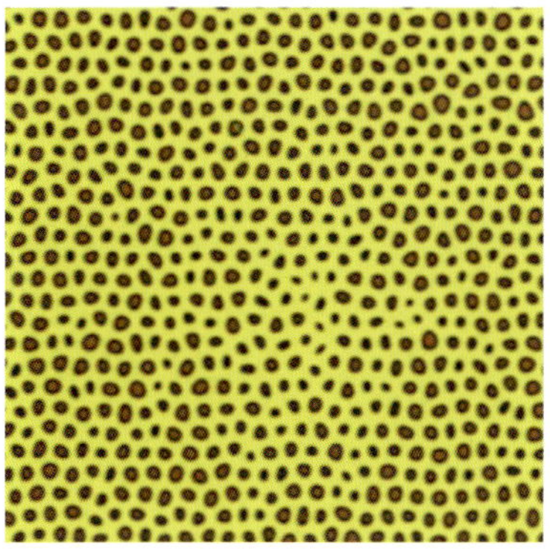
豹纹面料

斜纹牛仔面料

平纹牛仔面料

蜡染面料

皮革面料

针织面料

针织提花面料

印花面料

蕾丝面料

头像设计

头像设计

She
She is the one that you never forget
She is the heaven-sent angel you met
She must be the reason why God made a girl
She is so pretty all over the world ...

美丽小资

服装设计

服装设计

服装设计